AF340814

ÉTUDES

SPECTROSCOPIQUES

SUR LE SANG

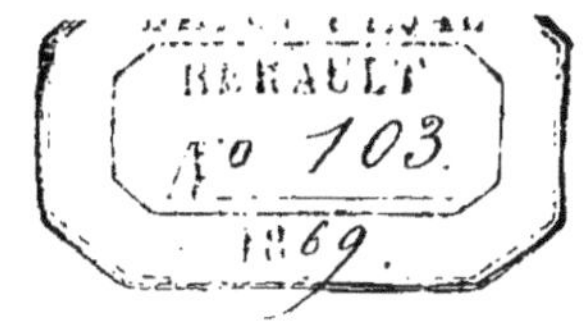

PAR

René BENOÎT

DOCTEUR EN MÉDECINE

Lauréat et ancien Aide d'Anatomie de la Faculté de médecine
de Montpellier,
Licencié ès-Sciences physiques de la Faculté de Paris,
Élève de l'École des Hautes-Études à la Sorbonne.

PARIS

GERMER-BAILLIÈRE, LIBRAIRE-ÉDITEUR

17, rue de l'École-de-Médecine.

MONTPELLIER

C. COULET, LIBRAIRE-ÉDITEUR

LIBRAIRE DE LA FACULTÉ DE MÉDECINE ET DE L'ACADÉMIE DES SCIENCES ET LETTRES

Grand'rue, 5

1869

Montpellier. — Typographie BOEHM & FILS.

A MON PÈRE

J. BENOÎT

Professeur à la Faculté de médecine, Médecin en Chef des hôpitaux

de Montpellier, Chevalier de la Légion d'Honneur

R. BENOIT.

AVANT-PROPOS.

Il y a quelques années à peine, une nouvelle méthode d'investigation faisait avec éclat son entrée dans le domaine des sciences chimiques. Appliquée d'abord à l'étude des radiations émises par les sources lumineuses, *l'analyse spectrale* s'illustrait dès sa naissance, entre les mains de deux savants allemands, Kirchhoff et Bunsen, par la découverte de plusieurs métaux alcalins jusqu'alors confondus avec le potassium. Mais ce fut le jour où des spectres *d'émission* on passa à la considération des spectres *d'absorption*, que la méthode nouvelle vit des horizons inconnus s'ouvrir devant elle, et comprit sa merveilleuse puissance. Après avoir vérifié pour les vibrations lumineuses ce grand principe de la *proportionnalité des pouvoirs émissifs et absorbants*, connu depuis longtemps pour les vibrations sonores et calorifiques, elle put en faire l'application à l'étude des astres, enrichir d'une probabilité de plus la brillante hypothèse cosmogonique de Laplace, et créer une branche nouvelle de la science astronomique, en lui fournissant des données certaines sur la constitution physique et chimique des corps célestes les plus éloignés de nous.

L'entraînante séduction exercée sur tous les esprits par

l'acquisition de résultats aussi remarquables, a poussé presque tous les observateurs qui se sont occupés de spectroscopie dans la même voie, et a fait négliger les services plus modestes, mais aussi réels et plus pratiques, que le spectroscope peut rendre, si on l'emploie à l'étude des substances terrestres solides ou liquides que nous avons journellement sous la main. En effet, s'il est vrai d'une part que le pouvoir émissif, fonction de la température et de la longueur d'onde, suit pour chaque corps une loi déterminée, spéciale à ce corps et caractéristique, comme sa densité, son coefficient de dilatation ou sa capacité calorifique, — s'il est vrai, d'autre part, que les pouvoirs absorbants et émissifs varient proportionnellement l'un à l'autre, ce qui est, non pas seulement un fait d'expérience, mais encore une conséquence logique et rigoureuse de la nature même de la vibration et des lois mathématiques qui la régissent, —tout corps doit *théoriquement* donner, suivant les circonstances dans lesquelles il se trouve, deux spectres : un spectre d'émission et un spectre d'absorption, corrélatifs l'un de l'autre, et *inverses*, exactement comme le sont le cliché négatif et l'épreuve positive d'une même photographie. Si la fonction est discontinue, ce fait se traduira, dans l'un quelconque des deux spectres, par des alternatives d'ombre et de lumière qui, pour une même substance, seront constantes, que notre œil pourra apprécier, et dont il pourra faire par conséquent un caractère spécifique de cette substance. L'étude des spectres *négatifs* a donc, en principe, exactement la même valeur que l'étude des spectres *positifs*, et est susceptible de la remplacer toutes les fois que celle-ci est inapplicable.

Tel est le cas des substances solides et liquides. Le nombre de celles qu'on peut porter à l'incandescence est excessivement restreint; certains métaux, le charbon, quelques bases comme la chaux, la magnésie, l'erbine, des silicates très-stables et très-fixes, tels que l'asbeste ou le kaolin, peuvent être soumis à ce genre d'expérimentation; mais il doit nécessairement être rejeté toutes les fois qu'il s'agit d'un corps volatil ou décomposable par la chaleur. Aussi l'étude des spectres d'émission, qui convient si parfaitement à la plupart des corps gazeux, devient impossible pour les corps solides ou liquides; c'est donc ici le cas d'avoir recours aux spectres d'absorption.

Voilà pour le principe. Quant à l'application, il faut convenir qu'elle est beaucoup moins précise, beaucoup moins facile par conséquent pour les liquides et solides que pour les gaz. Cela tient précisément à ce que, dans les deux premières classes de corps, les pouvoirs émissifs et absorbants varient en général d'une manière beaucoup plus continue. Cependant, il est certain que dans un grand nombre de cas l'examen spectroscopique peut conduire à des résultats extrêmement remarquables. Aussi, dès 1864, M. Sorby, membre de la Société royale de Londres, frappé de ces résultats, tentait de faire de ce mode d'observation une véritable méthode d'analyse qualitative, applicable en particulier aux matières colorantes, et aussi indépendante de l'analyse chimique ordinaire que l'est, par exemple, l'analyse au chalumeau pour les minéraux. Il étudiait et classait systématiquement l'action des différents réactifs sur les spectres ; il établissait des lois générales, et enfin, pour donner à la pratique de sa méthode toute la perfection qu'elle était susceptible d'acquérir, il inventait un appareil nouveau, le *micro-spectroscope*[1].

Le sang est un des premiers liquides qui aient fixé l'attention au point de vue qui nous occupe : c'est à Hoppe que sont dues les premières observations[2]. Il vit les bandes caractéristiques de son spectre d'absorption, et il étudia le premier les modifications que ce spectre subit sous l'influence de divers réactifs. Il eut bientôt des imitateurs, et les applications de la spectroscopie aux sciences physiologiques s'étendirent rapidement. En 1865, Valentin étudiait les phénomènes de l'absorption lumineuse, non seulement dans le sang, mais encore dans la bile, dans un grand nombre de matières colorantes animales ou végétales, et en particulier dans les substances toxiques. Il émettait l'idée de faire servir ces phénomènes à la résolution de certains problèmes de médecine légale, et il intitulait son ouvrage : *Emploi du spectroscope en physiologie et en*

---

[1] Sorby ; *On a definite Method of Qualitative Analysis of Animal and Vegetable Coulouring Matters, by means of the Spectrum microscope.* (*Proceedings of the Royal Society of London.* 1867, XV, 433.)

[2] Hoppe ; *Virchow's Archiv für pathologische Anatomie*, 1862, XXIII, 446.

médecine[1]. L'année suivante, c'est en se fondant sur les phénomènes optiques présentés par la biliverdine et la chlorophylle, que Stokes, qui avait déjà constaté une relation remarquable entre les phénomènes d'absorption et les phénomènes de fluorescence[2], croyait pouvoir nier l'identité que l'on avait présumée exister entre ces deux substances[3]. Peu de temps après, le même observateur, en présentant à la Société royale de Londres une série d'expériences nouvelles et intéressantes, concluait que le changement de couleur que le sang subit dans les capillaires d'une part, dans les poumons d'autre part, est due à une réduction et à une oxydation alternatives de sa matière colorante[4].

Depuis lors, un certain nombre d'observateurs[5] ont répété les mêmes expériences à l'étranger, et les travaux spectroscopiques commencent à prendre leur place dans les livres classiques de l'Angleterre et de l'Allemagne[6].

---

[1] G. Valentin; *Der Gebrauch des Spectroscopes zu physiologischen und ärztlichen Zwecken*, 1863.

[2] Voyez Stokes; *Uber die Unterscheindung organischer Körper durch ihre optischen Eigenschaften.* (*Pogg. Ann.*, CXXVI, 630.)

[3] Stokes: *On the supposed Identity of Biliverdin with Chlorophyll, with remarks on the Constitution of the Chlorophyll.* (*Proceedings of the Royal Society of London*, 1864, XIII, 144.)

[4] Stokes; *On the Reduction and Oxidation of the Colouring Matter of the Blood.* (*Proceed.*, id., id., 355.)

[5] Bird Herapath; *Chemical News*, 1868, XVII, 113. — Askenasy; *Beiträge zur Kenntniss des Chlorophylls und einiger dasselbe begleitenden Farbstoffe.* (*Botanische Zeitung*, 1867, nos 29, 30.)

[6] Hoppe-Seyler; *Handbuch der physiologisch-und pathologisch-chemischen Analysis.* — Dr W. Kühne; *Lehrbuch der physiologischen Chemie*, 1868.

— x —

En France, ces études sont restées jusqu'à ce jour à peu près inconnues, et le très-petit nombre d'observateurs qui les ont abordées n'y attachent pas l'importance qu'elles me paraissent mériter. Aussi n'ai-je pas cru accomplir une œuvre inutile en essayant, dans la mesure de mes forces, de les faire connaître. Je n'ai donc pas la prétention d'apporter un nouveau absolu; mon ambition serait satisfaite si, en venant me faire pour un moment l'écho d'une science sur certains points plus avancée que la nôtre, je pouvais, par un nouvel exemple, laisser dans l'esprit cette conviction, que l'alliance des notions physiques avec celles des lois de la vie est un puissant moyen de progrès et peut conduire à de précieux résultats.

Placé dans des conditions exceptionnelles, j'ai pu répéter, en les variant, toutes les expériences et refaire toutes les observations. J'en ai fixé les résultats, avec une rigoureuse fidélité, sur des dessins originaux tracés d'après nature. Je n'ai rien affirmé sans l'avoir vu de mes yeux. Ces travaux ont été poursuivis dans le laboratoire des recherches physiques de la Sorbonne, dirigé par M. le professeur Jamin, et je ne puis terminer sans exprimer ici mes remercîments à l'illustre Maître qui, en mettant entre mes mains les ressources dont dispose ce vaste établissement, m'a permis d'introduire, à un degré quelconque, ma modeste personnalité dans l'institution d'un nouvel ordre de vérités scientifiques.

ÉTUDES
SPECTROSCOPIQUES
SUR LE SANG

I

NOTIONS PRÉLIMINAIRES.

DISPERSION ET ABSORPTION.

On sait qu'un faisceau de lumière blanche qui traverse un milieu prismatique transparent et incolore, éprouve une double modification. En premier lieu, il est dévié de sa direction primitive ; il se *brise* et s'infléchit vers la base du prisme : c'est un cas particulier de la *réfraction*. En second lieu, il s'étale en éventail, et en même temps il se colore des riches nuances de l'arc-en-ciel: c'est ce qui constitue la *dispersion*. Bien que je n'aie pas à faire ici une étude de physique pure, comme c'est sur l'examen des *spectres* qu'est fondée la méthode de recherche ou d'analyse qui fait le sujet de ce travail, je crois devoir arrêter l'attention sur ce premier fait et préciser les conditions du phénomène.

Je suppose que, par une fente verticale à bords parallèles, pratiquée dans le volet d'une chambre obscure, on fasse pénétrer un mince pinceau de lumière solaire. Si l'on reçoit ce pinceau sur un écran, on voit s'y former une image brillante, verticale comme la fente, et présentant très-sensiblement les mêmes dimensions qu'elle. Mais qu'on dispose, sur le trajet du faisceau lumineux, un prisme de flint, de manière que sa section principale soit horizontale, et par conséquent ses arêtes parallèles à la longueur de la fente, tout se modifie immédiatement. L'image change de position et se déplace du côté de la base du prisme. En même temps elle s'étale horizontalement, c'est-à-dire dans le plan de réfraction ou perpendiculairement aux arêtes du prisme; sa hauteur reste la même. mais sa largeur augmente beaucoup ; de sorte qu'elle prend la forme d'un rectangle allongé, teinté, d'une extrémité à l'autre, des plus riches nuances. Ces nuances sont en nombre infini ; elles se fondent l'une dans l'autre par des transitions insensibles ; mais comme on ne pouvait les nommer toutes, on les a résumées dans sept types principaux, dominants, qui sont successivement, en commençant du côté de la base du prisme: le *violet*, l'*indigo*. le *bleu*, le *vert*, le *jaune*, l'*orangé* et le *rouge*. C'est à cette image colorée que l'on donne le nom de *spectre solaire*.

Ce phénomène si simple, qui était resté inaperçu pendant tant de siècles, ou qui n'avait frappé les yeux de quelques savants que pour donner naissance à des interprétations plus ou moins absurdes, devint, entre les mains de Newton, le point de départ d'une science nouvelle, la science des couleurs. Il expliqua le fait de la dispersion, en admettant que la lumière blanche n'est pas simple, mais constituée par la superposition d'une infinité de lumières simples, inégalement réfrangibles, et caractérisées chacune par une couleur différente. Le prisme ne fait que séparer les divers rayons confondus dans le rayon inci- dent, en imprimant une déviation plus grande à ceux auxquels correspond un indice plus élevé. La dispersion est ainsi ramenée à n'être qu'une conséquence de la ré- fraction.

Après avoir démontré la solidité de sa conception par un grand nombre d'expériences ingénieuses ; après avoir fait la contre-épreuve de l'analyse par la synthèse, et re- composé la lumière blanche avec des lumières colorées, Newton se trompa cependant en considérant le spectre solaire comme continu. Cette erreur, qui tenait à l'im- perfection des moyens d'observation dont il disposait, fut reconnue par Wollaston, au commencement de ce siècle. Celui-ci remarqua, le premier, un petit nombre de raies ob- scures, verticales, très-étroites, irrégulièrement distribuées du rouge au violet. Quinze ans plus tard, un opticien de Munich nommé Frauenhofer, en observant le spectre avec certaines précautions, y constata la présence, non pas seu- lement de quelques raies, mais d'une multitude de lignes noires, fines, très-nettes, parallèles aux arêtes du prisme, et constantes dans leur situation ; il en compta de cinq à six cents, et de nos jours on a pu en distinguer jusqu'à deux mille. Je reviendrai tout à l'heure sur ces raies ; je veux pour le moment faire seulement remarquer que leur fixité en fait des repères excellents pour caractériser les diverses portions du spectre solaire. Frauenhofer a désigné les prin- cipales par les premières lettres de l'alphabet, A B....G H. Il est toujours extrêmement facile de distinguer ces raies au milieu des autres, par leur intensité et la position qu'elles occupent.

Depuis que Descartes a imaginé d'expliquer les phénomènes lumineux par des mouvements; depuis surtout que les immortels travaux de Fresnel, en permettant de prévoir, par les déductions logiques du calcul, des faits encore inconnus, ont donné de la théorie des ondulations la confirmation la plus éclatante, le phénomène de la dispersion, et la composition de la lumière blanche qui en est le corollaire, ont reçu une interprétation mécanique des plus simples.

Tout phénomène lumineux est un mouvement vibratoire, transmis à notre œil par les molécules d'un milieu impondérable, parfaitement élastique, continu, qui remplit l'espace et pénètre tous les corps. Or, ce qui caractérise essentiellement une vibration, c'est la *durée* de la période. En acoustique, on sait que c'est cet élément variable qui produit sur l'oreille l'impression des différences de hauteur des sons. En optique, les vibrations de périodicités diverses affectent de même notre rétine d'une manière différente, et elles produisent sur cet organe les impressions que nous distinguons par les mots de couleurs rouge, jaune, bleue [1], etc. A chaque durée vibratoire correspond

---

[1] Les vibrations les moins réfrangibles sont les plus lentes; les plus réfrangibles sont les plus rapides; de sorte que le rouge extrême répond aux sons graves de notre échelle musicale, et le violet extrême aux notes aiguës. De même qu'en acoustique les vibrations trop lentes ou trop rapides n'impressionnent plus notre oreille, de même, en optique, les vibrations de l'éther dont la durée sort de certaines limites, n'exercent plus

une sensation chromatique particulière. Lorsqu'un même point de la rétine reçoit simultanément l'ébranlement de deux ou plusieurs vibrations de périodes diverses, il en résulte une impression mixte, souvent très-différente de toutes celles auxquelles auraient donné naissance les rayons perçus, s'ils avaient agi isolément. Parmi ces impressions, dues à l'action simultanée de plusieurs lumières simples, il en est une qui est particulièrement remarquable, c'est celle qui se produit lorsque notre œil reçoit à la fois des radiations de toutes les périodes possibles : c'est la lumière blanche.

Il y a donc un rapport constant entre les impressions que nous font éprouver les corps lumineux et la durée des vibrations qu'ils engendrent. Nous allons voir que ces deux éléments sont de plus en relation intime avec un troisième, la réfrangibilité.

Les vibrations de l'éther, excitées par le point éclairant qui est l'origine du mouvement lumineux, se propagent dans toutes les directions, par ondes successives, et avec une vitesse déterminée. Cette vitesse n'est pas la même dans le vide et dans les divers milieux pondérables ; elle diminue en général avec la densité du milieu. Le changement de vitesse qui se produit au passage d'une onde d'un milieu dans un autre a pour conséquence un changement dans sa direction, une déviation du rayon : c'est la réfraction.

aucune action sur notre organe visuel ; mais leur existence est démontrée par des phénomènes calorifiques et chimiques. Comme je ne considère ici les phénomènes spectroscopiques qu'au point de vue exclusivement optique, je laisse de côté tout ce qui a trait à l'émission et à l'absorption de ces radiations invisibles.

Ce n'est pas tout. Cette vitesse de transmission, qui dans l'éther est la même pour les radiations de toute période, varie au contraire lorsque la lumière se propage dans un milieu pondérable, et est plus petite pour les vibrations les plus rapides. Dès lors, la déviation qui résulte du changement de vitesse à la surface de séparation de deux milieux, change d'un rayon à l'autre. En d'autres termes, la réfrangibilité de chaque rayon, pour un milieu donné, est aussi caractéristique de ce rayon que sa périodicité vibratoire ou que sa couleur. Si un faisceau de lumière blanche passe d'un milieu moins dense dans un milieu plus dense, de l'air dans le verre, par exemple, la vitesse de propagation de chacun des rayons simples dont il est composé diminuera, et cela d'autant plus que la période d'oscillation sera plus courte. Par conséquent ces rayons seront déviés d'une manière inégale, et tendront à se séparer les uns des autres : c'est la dispersion. Si le même effet se reproduit dans le même sens à la surface de sortie du second milieu, comme cela se présente avec un prisme, la divergence sera encore plus marquée après le passage du faisceau à travers cette seconde surface, et, en le recevant sur un écran, on verra s'y former un spectre [1].

---

[1] Si j'appelle V la vitesse de propagation (c'est-à-dire l'espace parcouru pendant une seconde) d'un rayon lumineux dans un milieu, et n le nombre de vibrations en une seconde correspondant à ce rayon, le rapport $\frac{V}{n}$, qui représente l'espace parcouru pendant la durée t d'une vibration, prend le nom de *longueur d'onde* et se représente par λ ; donc $\lambda = \frac{V}{n}$. Mais t étant la durée d'une vibration, on a évidemment $t = \frac{1}{n}$, et par conséquent on peut écrire la formule précédente sous la seconde forme $\lambda = Vt$. Si, pour un milieu donné, la vitesse ne change pas avec la période, en

Le soleil n'est pas la seule source lumineuse qui puisse donner un spectre. On comprend, d'après ce qui précède, que tout rayonnement composé de la superposition de plusieurs mouvements vibratoires de périodes diverses, sera décomposé par le prisme. Mais on comprend aussi que, suivant la nature et le nombre des radiations émises

d'autres termes, si V est constant quel que soit t, on voit que λ sera proportionnel à t. Dès-lors la longueur d'onde pourra servir à caractériser un rayon tout aussi bien que sa durée de vibration; j'ai dit que tel est le cas de la lumière se propageant dans le vide. Pour la plupart des gaz, et en particulier pour l'air, dont l'indice de réfraction est très-voisin de l'unité. les différences entre les vitesses correspondantes à des durées d'oscillations différentes sont trop faibles pour produire un effet appréciable; aussi l'air a-t-il un pouvoir dispersif sensiblement nul. et on peut admettre pour lui le rapport $\dfrac{\lambda}{\lambda'} = \dfrac{t}{t'}$. On sait en effet que le plus souvent on caractérise les rayons simples par leur longueur d'ondulation mesurée dans l'air.

Si un rayon de période t passe d'un milieu dans un autre, sa vitesse V change et devient V', et on a $\dfrac{\lambda}{\lambda'} = \dfrac{V}{V'}$: le rapport des longueurs d'onde est égal au rapport des vitesses dans les deux milieux. On démontre facilement, par l'expérience et par le calcul, que ce rapport est encore égal à celui des sinus d'incidence et de réfraction $\dfrac{\sin i}{\sin r}$. On le désigne par n, et on l'appelle *indice* de réfraction. V' variant en général avec t, n change avec la période vibratoire. La réfrangibilité n'est donc pas la même pour les rayons de différentes couleurs; de là, la dispersion.

On voit que λ, la longueur d'onde, varie avec le milieu considéré. Ce n'est donc, pas plus que la réfrangibilité. une quantité absolue caractéristique de tel ou tel rayon lumineux. Il n'en est point de même de la durée de la vibration. Quels que soient les changements éprouvés par la vitesse de propagation, depuis le centre d'ébranlement jusqu'à un obstacle situé à distance, il est évident que celui-ci reçoit le même nombre d'ébranlements par seconde, tant que la période du mouvement vibratoire ne changera pas. Ce qui caractérise essentiellement une vibration est donc la durée de la période.

par la source considérée, les spectres obtenus pourront être très-différents les uns des autres. Les couleurs y seront toujours disposées dans le même ordre et aux mêmes places ; seulement quelques-unes pourront manquer, et en échange on verra des bandes sombres, des lacunes plus ou moins larges, indiquant l'absence ou du moins le peu d'intensité de certains rayons.

Ces solutions de continuité prennent une importance très-grande dans les spectres des lumières émises par les gaz et les vapeurs. Aussi ces spectres se réduisent-ils en général à un petit nombre de raies brillantes, tellement caractéristiques que leur observation sert de base à la méthode d'analyse créée récemment par MM. Kirchhoff et Bunsen, et illustrée à son origine par la découverte de quatre nouveaux métaux. Les corps solides et liquides incandescents donnent au contraire, *en général*, des spectres continus. J'aurai toutefois à revenir sur ce point.

Remarquons enfin que le spectre appartenant à une lumière donnée reste le même lorsque cette lumière, au lieu de tomber directement sur le prisme, n'y arrive qu'après avoir subi une ou plusieurs réflexions. C'est ainsi qu'on retrouve les raies de Frauenhofer toujours constantes, dans le même ordre et aux mêmes places, dans les spectres qui proviennent de la lumière solaire diffusée par les nuées, par la lune, par les planètes ou par une surface blanche quelconque.

Maintenant que nous connaissons la constitution de la lumière blanche, cherchons quelles sont les modifications qu'elle subit lorsqu'elle traverse certains milieux.

Tout le monde sait que certains corps laissent passer
la lumière : *on voit au travers,* pour employer une vul-
gaire locution ; ce sont ces corps qu'on appelle *transparents* ou *diaphanes.* Les milieux *opaques* au contraire ont
la propriété d'intercepter complétement les rayons lumineux, et de produire l'obscurité. Toutefois, cette distinc-
tion n'a rien d'absolu. Tous les corps opaques deviennent
diaphanes lorsqu'ils sont vus sous des épaisseurs suffisamment réduites. Les cellules ligneuses, les fibres textiles,
les poussières fines, les précipités chimiques, apparaissent
transparents sur le porte-objet du microscope. Si on
applique l'œil très-près de la surface métallisée d'un miroir
argenté, et qu'on regarde au travers un objet éclairé,
on distingue nettement cet objet avec une coloration violacée. Une feuille d'or très-mince se laisse de même traverser par la lumière verte. Nous allons voir, par contre,
que les corps transparents deviennent opaques quand ils
sont vus en couches épaisses. Ainsi, ce qu'on appelle *opacité*
d'un corps n'est qu'une fonction de son épaisseur, et on
peut dire rigoureusement qu'il n'y a pas de corps opaques.
Quelle est donc l'action des milieux transparents sur la
lumière ?

Supposons, en premier lieu, que nous recevions un
faisceau de lumière solaire sur une lame à faces parallèles
de sel gemme. Après avoir traversé cette lame, le faisceau
paraîtra un peu affaibli dans son intensité, mais il n'aura
subi aucun changement de coloration. Analysé par un
prisme, il donnera un spectre un peu moins brillant qu'a-
vant l'interposition de la lame, mais dans lequel se retrou-
veront toutes les nuances du spectre solaire. Si, au lieu

d'une lame, nous en mettions deux, trois....., le faisceau resterait toujours blanc, le spectre se conserverait complet et semblable à lui-même ; seulement l'obscurcissement de l'un et de l'autre deviendrait de plus en plus sensible, et, si on suppose qu'on pût arriver ainsi jusqu'à l'extinction complète du faisceau, toutes les couleurs du spectre disparaitraient au même moment et d'un seul coup. Ainsi, sous une épaisseur suffisante, le sel gemme deviendrait opaque. Il est donc évident qu'il absorbe la lumière : mais il se laisse traverser, *en proportion égale*, par les radiations lumineuses de toutes réfrangibilités. Les milieux qui jouissent de cette propriété s'appellent *incolores*[1].

Tel n'est pas le cas général. Habituellement les corps transparents donnent à la lumière blanche qui les traverse une coloration d'autant plus prononcée qu'ils sont en couches plus épaisses. Pour se rendre compte de ce phénomène, il suffit de faire tomber sur un prisme un faisceau lumineux ainsi coloré. Dans le spectre qui en résulte on observe des espaces obscurcis, plus ou moins étendus, et comme de véritables lacunes. C'est qu'en effet les milieux transparents ont, en général, la propriété de transmettre, dans des proportions inégales, les vibrations de périodes différentes. Certains rayons sont absorbés plus

---

[1] Il n'existe point de milieu pondérable *transparent* d'une manière absolue, c'est-à-dire ayant la propriété de transmettre toutes les radiations sans les affaiblir. Parmi les corps transparents, le sel gemme est le seul qui soit absolument *incolore*. Remarquons cependant qu'on pourrait placer à côté de lui le papier blanc, l'albâtre, et en général les milieux *blancs* qu'on appelle *translucides*, qui éteignent aussi dans des proportions égales les rayons de toutes les réfrangibilités; seulement dans ceux-ci les faits se compliquent d'un phénomène de *diffusion*.

rapidement que d'autres ; lorsque l'épaisseur est suffisante, ils sont complètement éteints et ne peuvent plus arriver jusqu'à l'œil de l'observateur. Mais cette puissance d'extinction peut se manifester de manières très-diverses, suivant les milieux que l'on considère : de là, une espèce de classification à établir.

Dans certains cas, le pouvoir absorbant croît en même temps que la réfrangibilité. On voit alors l'extinction commencer par l'extrémité violette du spectre. A mesure que l'épaissenr du milieu interposé augmente, elle se prononce de plus en plus, et en même temps gagne de proche en proche vers l'extrémité la moins réfrangible. A un certain moment, il ne passe plus que des rayons rouges ; au-delà, le milieu deviendrait opaque, et tout le spectre disparaîtrait. Tantôt on voit les teintes se foncer peu à peu de A vers H, pour arriver graduellement, par des transitions insensibles, jusqu'à une obscurité complète ; dans d'autres cas, l'accroissement du pouvoir absorbant étant rapide, brusque, le spectre paraît coupé nettement, en un point déterminé, par une ombre épaisse qui couvre toute sa partie la plus déviée.

A cette première catégorie de milieux appartient d'abord le plus grand nombre des corps transparents que nous sommes habitués à regarder comme incolores, et qui paraissent tels en effet sous de petites épaisseurs : l'air, l'eau, l'alcool[1], etc. Viennent ensuite le verre jaune, l'acide

---

[1] « Hassenfratz, ayant fait passer les rayons solaires à travers un tube plein d'eau dont il augmentait progressivement la longueur, vît que la lumière transmise paraissait jaune, puis orangée, puis rouge. Il reconnut en même temps que tout le liquide était devenu lumineux et répandait une

chronique', le perchlorure de fer, un certain nombre de matières colorantes végétales, par exemple celles du vin, du bois de campêche, du bois d'Inde, du tournesol rougi par un acide, etc.

Dans une seconde classe de corps transparents, le pou_voir absorbant obéit à une loi inverse de celle que nous venons de lui voir suivre dans la première. Il diminue en même temps que la durée de la vibration. L'extinction, commencée dans le rouge, s'étend graduellement vers l'extrémité la plus réfrangible. On peut considérer les dissolutions des sels de cuivre comme étant le type de ces milieux. On comprendra sans peine que leur coloration doit être habituellement bleue ou violette.

Si nous faisons un pas de plus, la loi se complique. Le pouvoir absorbant, au lieu de suivre une marche régulière d'une extrémité à l'autre du spectre, diminue d'abord du rouge au vert, et atteint un minimum ; puis il commence à grandir, et augmente du vert au violet. Dans ce cas, qui se présente pour les sels de nickel, pour

couleur verte ou bleue. Cela tient à ce que l'eau partage les rayons en deux parts : l'une, qu'elle transmet, qui est jaune et passe au rouge ; l'autre, qu'elle diffuse intérieurement, et qui est complémentaire. C'est celle-là que nous renvoient les eaux profondes des lacs ou de la mer, et c'est pour cette raison qu'elles nous paraissent vertes ou bleues. L'air est dans le même cas que l'eau : bleu par diffusion, tandis qu'il colore en rouge le soleil à son coucher et les flammes lointaines. A mesure qu'on s'élève dans l'atmosphère, l'air devenu plus rare diffuse moins de lumière, et le ciel paraît d'un bleu très-sombre. Aux limites de l'atmosphère, on le verrait noir comme pendant la nuit. » (Jamin : *Cours de physique de l'École polytechnique* tom. III : *Optique*.)

les verres colorés en vert, etc., les deux extrémités sont éteintes, et il y a un maximum de lumière dans le vert. Pour d'autres corps, au contraire, ce sont les rayons extrêmes qui traversent, et on voit la partie moyenne du spectre couverte par une ombre plus ou moins épaisse et plus ou moins étendue. La grandeur de cette ombre et sa position déterminent la teinte dominante du milieu, teinte qui peut varier presque à l'infini : par exemple, les sels de cobalt, qui sont d'une couleur rose fleur de pêcher, rouge grenat ou lilas, le verre pourpre, le bleu de tournesol, — le rouge, le vert, le bleu et le violet d'aniline, — la dissolution d'iode dans le sulfure de carbone,... appartiennent à cette catégorie.

Avançons encore, et le phénomène devient de plus en plus complexe. Si, par exemple, nous analysons la lumière qui a traversé une dissolution de sulfate de chrome, nous voyons le spectre, clair dans le rouge, s'obscurcir de l'orangé au vert, redevenir clair dans le vert et le commencement du bleu, puis s'obscurcir de nouveau jusqu'à son extrémité violette. Ainsi le pouvoir absorbant, d'abord très-peu marqué, a augmenté jusqu'à un maximum correspondant aux rayons jaunes, pour diminuer ensuite et devenir très-faible jusqu'à la raie F, à partir de laquelle il recommence à croître, de manière à intercepter tous les rayons les plus réfrangibles. Le perchlorure de cuivre donnerait de même deux maxima de lumière et deux maxima d'obscurité alternatifs, et nous verrons que le sang, traité par certains réactifs, pourra nous présenter un spectre du même genre.

Enfin, il existe des milieux transparents dans lesquels le pouvoir absorbant pour les radiations de diverses périodes varie de la manière la plus irrégulière. Dans ce cas, le spectre est coupé de *bandes* ou de *raies d'absorption* diversement placées, plus ou moins étendues, plus ou moins nettement délimitées. C'est ce qui a lieu par exemple pour le permanganate de potasse, les sels de chrome, d'urane...., et un grand nombre de matières colorantes organiques. Les raies sombres, étroites et nettes que présentent les spectres des dissolutions d'erbine et de didyme sont particulièrement remarquables. Mais ce sont les gaz et les vapeurs qui possèdent en général, au plus haut degré, le pouvoir de laisser passer certains rayons, à l'exclusion des rayons de réfrangibilités voisines. L'interposition des vapeurs de certains sels alcalins produit dans un spectre continu des interruptions très-fines et en petit nombre. Les autres vapeurs métalliques et les gaz en général offrent un ensemble de raies plus compliquées.

Pour donner une idée de la diversité que peuvent présenter les spectres d'absorption, j'en ai représenté quelques-uns, produits par des milieux solides, liquides et gazeux :

Pl. I. 1. Carmin en dissolution dans l'ammoniaque.
    2. Azotate d'urane.
    3. Teinture alcoolique d'orcanette (*Alkanna tinctoria*).
    4. Verre bleu azur ou bleu de cobalt.
    5. Dissolution alcoolique de chlorophylle.
    6. Permanganate de potasse.
    7. Acide hypoazotique.

Il est bien entendu que ces dessins correspondent à une

certaine concentration des dissolutions et à une épaisseur déterminée des milieux. Lorsque la quantité de matière colorante augmente, ou lorsqu'on fait croître la couche traversée par les rayons lumineux, les bandes d'absorption se foncent de plus en plus, s'élargissent et finissent par se confondre les unes avec les autres, de manière à former des ombres générales ; on sait déjà qu'en poussant à l'extrème, on finirait par produire l'opacité complète et éteindre tout le spectre. Inversement, si on étend les solutions, si on diminue l'épaisseur, les bandes pâlissent, et, à une certaine limite, s'effacent complètement. En général il existe, pour toutes les solutions colorées, un degré de dilution qui donne les bandes plus nettement que tout autre ; on y arrive par tâtonnements.

Nous avons vu tout à l'heure que l'observation des spectres produits par certaines flammes sert de base à une méthode d'analyse d'une sûreté, d'une simplicité et d'une sensibilité remarquables. Serait-il possible de fonder de même une méthode d'analyse sur l'étude des spectres d'absorption ? En d'autres termes, les spectres d'absorption ont-ils une valeur, comme caractéristiques de la substance qui les a produits, et peuvent-ils nous fournir des indications précises dans la recherche ou la détermination de cette substance ? A cette question, dont tout le monde comprendra l'importance, on peut répondre d'abord que l'expérience a démontré la constance absolue des phénomènes d'absorption dans un milieu déterminé. Mais je veux aller plus loin, et je vais établir que la méthode fondée sur l'observation des spectres d'absorption rentre exactement dans la première, qu'on ne peut attribuer à celle-ci une valeur sans être logiquement forcé de l'accorder aussi à l'autre, qu'elles ne font qu'une, ou, pour mieux dire, qu'on peut les considérer comme deux procédés différents d'une méthode unique. Ceci demande quelques mots d'explication.

Leslie, le premier, a remarqué que toutes les substances chauffées à une même température émettent des quantités de chaleur inégales ; on exprime ce fait en disant qu'elles possèdent des *pouvoirs émissifs* inégaux. De même, si on fait tomber sur ces substances, prises à la température ordinaire, des rayonnements calorifiques égaux, elles les absorbent en partie et en proportions différentes, c'est-à-dire qu'elles ont des *pouvoirs absorbants* différents. Or, celles qui émettent le plus sont aussi celles qui absorbent le plus, et l'expérience, aussi bien que le calcul, a démontré que les pouvoirs émissifs sont proportionnels aux pouvoirs absorbants.

La chaleur n'étant, comme la lumière, qu'une manifestation du mouvement vibratoire de l'éther, les formules qui s'appliquent à l'une conviennent également à l'autre. Aussi la loi précédente doit-elle être étendue aux radiations lumineuses. Le rapport $\frac{E}{A}$ du pouvoir émissif au pouvoir absorbant étant constant, le premier ne peut croître sans que le second augmente en même temps, et décroître sans que le second diminue ; si $E=0$, A sera aussi nul ; si, pour une radiation spéciale, E atteint un maximum, A aura aussi un maximum qui correspondra à la même radiation. Il en résulte que tout corps lumineux qui possède la propriété d'émettre une lumière déterminée, a aussi celle de l'absorber. Par conséquent, si un corps présente dans son *spectre d'émission* un certain nombre de bandes lumineuses détachées sur un fond obscur, on trouvera dans son spectre d'absorption ces mêmes bandes, obscures, tranchant sur le fond lumineux du spectre continu que l'on aura choisi pour faire l'expérience. Le spectre d'absorption sera donc, dans tous les cas, *inverse* du spectre d'émission, et il pourra, tout aussi bien que celui-ci, servir à caractériser le corps qui l'a produit.

L'inversion du spectre a été vérifiée avec la plus rigoureuse exactitude, pour les gaz et les vapeurs, par MM. Kirchhoff et Bunsen, et, depuis leurs travaux, la considération des spectres inverses a pris un tel développement et une telle importance, qu'elle sert de base à toutes les connaissances que nous possédons aujourd'hui sur la constitu. tion physique et chimique des corps célestes.

Pour prendre un exemple, je reviens au spectre solaire et aux raies obscures dont il est sillonné. Parmi ces raies, il en est quelques-unes, notamment dans le rouge, dont l'apparence dépend, dans une certaine mesure, de l'état de l'atmosphère et de la hauteur du soleil au-dessus de l'horizon, c'est-à-dire de l'épaisseur de la couche d'air traversée par ses rayons. Brewster, qui fit pour la première fois cette remarque, en conclut que ces raies sont telluriques, c'est-à-dire produites par une absorption exercée par notre atmosphère ; des observations plus récentes de M. Miller et de M. Janssen ont confirmé cette explication. Quant aux autres raies, qui sont invariables, il faut en chercher l'origine dans le soleil lui-même. On admet généralement aujourd'hui qu'elles proviennent de l'absorption de l'atmosphère solaire sur le flux lumineux émané du noyau incandescent. S'il en est ainsi, ces raies représentent les spectres inverses des corps contenus dans cette atmosphère, et il suffira de les comparer avec les spectres d'absorption, ou, ce qui revient au même, avec les spectres d'émission des substances terrestres, pour reconnaître quelles sont celles de ces substances que renferme la photosphère.

Pour ce qui regarde les corps solides et liquides, après avoir soumis à l'analyse prismatique la lumière émise par le platine, la chaux, la magnésie, le charbon, et quelques autres substances rendues incandescentes par la chaleur, on a conclu sommairement que *tous les corps solides et liquides donnent des spectres sans aucune solution de continuité*. Cette affirmation, prise avec le degré de généralité que comportent ses termes, renferme évidemment une erreur. En effet, nous venons de voir que certaines substances appartenant à cette catégorie offrent des spectres d'absorption discontinus ; il est donc nécessaire, en vertu de la proportionnalité des pouvoirs absorbants et émissifs, que leurs spectres d'émission soient aussi discontinus. Il serait contraire à toute logique, il serait répugnant à l'esprit même de la science, de supposer qu'une pareille loi, fondée sur les principes de la mécanique et vérifiée si souvent par l'expérience, pût une seule fois se trouver en défaut.

Remarquons d'abord que les corps cités plus haut n'y font pas exception. Pour eux, en effet, le pouvoir émissif, très-grand d'ailleurs, est une fonction continue de la longueur d'onde et diminue avec elle ; il doit en être de même du pouvoir absorbant, de sorte que leurs spectres d'absorption, à supposer qu'on pût obtenir ces corps en

lames assez minces pour devenir transparentes, ne pré-
senteraient aucune ligne tranchée, mais un assombrisse-
ment croissant graduellement du rouge au violet, exactement comme celui de la matière colorante du bois de
campêche, par exemple.

Réciproquement, si, par un procédé quelconque, on
pouvait porter la matière colorante du bois de campêche à
l'incandescence, c'est-à-dire en faire une source de lumière,
une origine de mouvement vibratoire, *sans produire en
elle ni décomposition ni changement d'état*, il est certain
qu'elle se conduirait exactement comme le platine ou la
chaux, et qu'elle donnerait un spectre continu et graduellement croissant de A vers H.

Mais en serait-il de même pour la chlorophylle ou pour
la matière colorante du sang[1]? On comprend que la réponse expérimentale à une pareille question est et sera
sans doute toujours impossible. Mais la théorie répond
négativement, et, dans le seul cas encore connu où l'on
ait pu mettre l'expérience en présence de la théorie, elles
se sont trouvées d'accord.

J'ai déjà dit que la dissolution d'erbine donne un spectre d'absorption composé de plusieurs lignes foncées très-
remarquables. Or, si l'on examine au spectroscope cette
même base incandescente, on observe non pas un spectre continu, mais un certain nombre de raies brillantes,

[1] Il ne faut pas croire que les spectres caractéristiques ne peuvent
appartenir qu'aux corps élémentaires, aux métaux par exemple. Les recherches de M. Mitscherlich (*Pogg. Ann.*, CXVI, CXXI), de M. Dibbitz
(*Ibid.*, 1864) et de M. Diacon (*Influence de l'élément électro-négatif sur
le spectre des métaux*, 1864) ont mis hors de doute l'existence de spectres
caractéristiques pour les combinaisons.

qui coïncident exactement avec les raies obscures de son spectre d'absorption. Ce fait extrêmement remarquable, qui a surpris les observateurs, et dans lequel on a cru voir une exception, me paraît être au contraire une conséquence rigoureuse et forcée des lois physiques et mathématiques les plus générales ; il serait intéressant d'en trouver d'autres du même ordre. Ce fait semblerait indiquer de plus que les conditions de l'absorption et de l'émission ne changent pas pour un corps, lorsqu'il passe de l'état solide à l'état de dissolution [1].

En résumé, dans chaque corps, solide, liquide ou gazeux, le pouvoir absorbant et le pouvoir émissif suivent une certaine loi qui est la même pour tous les deux ; ils varient simultanément et dans le même sens, ils atteignent leurs maxima ou leurs minima au même moment. Tout corps est donc *théoriquement* suceptible de donner, suivant les conditions dans lesquelles on le place, deux spectres, un spectre d'*émission* et un spectre d'*absorption*. Ces deux spectres se correspondent exactement, et sont l'*inverse* l'un de l'autre. Si le pouvoir émissif est une fonction discontinue de la longueur d'onde, il en sera de même du pouvoir absorbant, et dans ce cas les spectres, au lieu d'être

[1] En effet, la plupart des matières colorantes donnent des dissolutions colorées comme elles-mêmes. Cependant Sorby a constaté que l'influence du dissolvant sur les spectres d'absorption est quelquefois très-grande, et j'ai pu reconnaître la vérité de cette observation pour la chlorophylle. Doit-on croire que, dans ces cas, le dissolvant agit comme un réactif sur la substance dissoute, et modifie sa nature en altérant sa composition? ou plutôt ne faut-il pas penser que des substances réputées pures sont en réalité composées de plusieurs éléments différents, que chaque liquide dissout dans des proportions inégales?

continus, présenteront des alternatives d'ombre et de lumière qui pourront être assez remarquables pour permettre de reconnaître le corps duquel ils proviennent.

Ce phénomène se présente au plus haut degré dans les gaz et les vapeurs, et c'est ce qui donne à l'analyse spectrale appliquée à ces corps l'immense valeur qu'elle possède. Comme il est en général facile de les porter à l'incandescence, c'est par leurs spectres d'émission qu'on les caractérise de préférence.

Pour les solides et les liquides, dans lesquels les variations de la fonction sont ordinairement moins brusques, la méthode, tout en restant aussi rigoureuse dans son principe, devient d'une application plus difficile et comporte moins de précision dans les résultats. Toutefois, en limitant cette application à un certain nombre de substances, et en particulier à celles qu'on appelle habituellement *colorantes*, l'observation des spectres des solides et des liquides pourra fournir des indications précieuses et des données importantes dans bien des circonstances. Comme il serait impossible de faire émettre des rayons lumineux aux matières dont il s'agit sans les détruire, c'est sur les spectres d'absorption que devront porter les observations. On pourrait désigner ce second procédé sous le nom de *Analyse spectroscopique*, pour le distinguer de l'*Analyse spectrale* proprement dite [1].

Je ne puis terminer ces considérations générales sans

---

[1] Voyez H.-C. Sorby : *On a definite Method of Qualitative Analysis of Animal and Vegetable Colouring-Matters, by Means of the Spectrum Microscope.* (*Proceedings of the Royal Society of London*, avril 1867. XV. 433.

dire un mot des phénomènes de *polychroïsme*, que nous aurons l'occasion d'observer à chaque instant. On sait que certains corps transparents paraissent d'une couleur diffé- rente suivant l'épaisseur qu'on leur donne. C'est ainsi que beaucoup de milieux rouges passent à l'orangé, puis au jaune de plus en plus clair , lorsqu'on les prend en couches de plus en plus minces. L'étude de l'absorption rend parfaitement compte de ce phénomène.

Pour préciser, je prends un exemple : la chlorophylle, matière colorante verte des feuilles. En couche très-mince, elle absorbe les rayons rouges de B en C, et l'extrémité violette du spectre. Si on augmente l'épaisseur, on voit naître deux nouvelles bandes d'absorption , l'une dans l'orangé, l'autre dans le vert (*Pl. I, 5*). A ce moment il passe un peu de rouge et beaucoup de vert qui do- mine et donne la teinte générale. Mais, en continuant à faire croître les couches traversées, on voit les bandes d'absorption se foncer de plus en plus dans le vert, s'éten- dre, finir par se rejoindre pour former une ombre unique, et enfin, à un moment donné, tout le spectre est absorbé, sauf un petit espace un peu obscurci à l'extrémité la moins réfrangible. Les vibrations lumineuses les moins rapides sont donc arrêtées les dernières, et par conséquent sous une épaisseur suffisante, la chlorophylle doit paraître rouge sombre. C'est, en effet, ce qu'on peut vérifier sans aucune difficulté [1].

Qu'il me soit permis de me résumer, et de jeter un

[1] *Lois de l'absorption par les milieux transparents.*

Soit une radiation *simple*, traversant un milieu transparent quelconque On a cru pendant longtemps que la quantité de lumière observée était rapide coup d'œil sur le chemin que nous venons de parcourir.

La lumière blanche est constituée par la superposition d'une infinité de vibrations de périodes diverses, qui pro-

proportionnelle à l'épaisseur. Bouguer a reconnu le premier que la loi est plus complexe.

Supposons l'intensité du rayonnement initial égale à I. En traversant le milieu d'épaisseur e, elle s'affaiblit et devient I'. Décomposons ce milieu en tranches successives, égales et infiniment minces, et négligeons la perte produite par la réflexion sur les surfaces. En traversant la première tranche, le rayon I se réduira à $I\alpha$; ce nouveau rayon $I\alpha$ subira dans la seconde tranche un effet proportionnellement semblable, et deviendra $(I\alpha) \alpha = I\alpha^2$. En général, l'épaisseur e, équivalente à n tranches, transmettra une proportion $I' = I\alpha^e$. Dans cette expression, qu'on appelle une *logarithmique*. α est une constante qui dépend de la nature du rayon et de celle du milieu, et que l'on appelle *coefficient de transmission*. Plus α est petit. moins la substance est transparente. On a reconnu que ce coefficient α est, dans tous les cas, le même pour les radiations calorifiques, lumineuses et chimiques. — Les quantités absorbées seront, pour la première tranche, $I - I\alpha = I (1 - \alpha)$; pour la seconde, $I\alpha - I\alpha^2 = I\alpha (1 - \alpha),\ldots$ pour la n^e, $I\alpha^{n-1} (1 - \alpha)$. — En résumé, les quantités transmises et les quantités absorbées forment, les unes et les autres, une progression géométrique décroissante, lorsque les épaisseurs forment une progression arithmétique croissante. La formule précédente, évidente *à priori*, a été vérifiée expérimentalement par MM. Jamin, Masson et Becquerel.

Supposons maintenant un faisceau lumineux composé de rayons de différentes couleurs et ayant les intensités R, O, J, V, B, I, U, et soient $\alpha_1, \alpha_2, \alpha_3, \ldots$, les coefficients de transmission qui leur correspondent dans une lame transparente d'épaisseur e ; l'intensité I du faisceau incident étant

$$I = R + O + J + V + I + U,$$

et chaque radiation simple se transmettant suivant la loi $I\alpha^e$, d'après ce qui précède, l'intensité du faisceau émergent, somme des intensités de chaque rayon en particulier, sera

$$I' = R\alpha_1^e + O\alpha_2^e + J\alpha_3^e + V\alpha_4^e + B\alpha_5^e + I\alpha_6^e + U\alpha_7^e.$$

Il est évident, d'après cette formule, que cette intensité variera : 1° avec duisent chacune sur notre œil une impression spéciale. Ces différentes vibrations étant inégalement réfrangibles, le prisme possède la propriété de les isoler les unes des autres, et de donner un *spectre*.

Les milieux transparents décomposent en général la lumière blanche, et ne transmettent que certaines vibrations. Les autres sont *absorbées*, c'est-à-dire qu'elles disparaissent comme mouvement lumineux, pour se transformer et reparaître à l'état d'action calorifique ou chimique. Or, les rayons absorbés par un milieu sont précisément les mêmes qu'*émettrait* ce milieu s'il était placé dans des conditions qui lui permissent de rayonner de la lumière. Il en résulte que les *spectres d'absorption* sont

la composition du faisceau incident, c'est-à-dire avec les sources lumineuses ; 2° avec la nature du milieu traversé, puisque les coefficients changent avec ce milieu ; 3° avec l'épaisseur. Les termes pour lesquels la fraction α est la plus petite décroîtront le plus rapidement quand α augmentera ; la composition du faisceau primitif sera modifiée, puisque chacune des radiations qui le composaient aura diminué dans des proportions différentes ; par conséquent, la lumière émergente ne sera plus blanche, et l'on pourra calculer la teinte résultante, en ayant recours aux règles données par Newton.

Si tous les coefficients α étaient égaux, toutes les radiations s'affaiblissant également, on aurait affaire à un milieu incolore. Si, pour un milieu donné, l'un d'eux a une valeur sensiblement plus grande que tous les autres, on peut toujours, en augmentant convenablement l'épaisseur, arriver à éteindre tous les rayons, ceux qui correspondent à ce coefficient excepté, et par conséquent obtenir de la lumière à peu près homogène. Si les coefficients correspondants à des rayons de réfrangibilités voisines ont des valeurs très-différentes qui se succèdent sans aucune régularité, le spectre est formé de *bandes* alternativement lumineuses et obscures, dont l'intensité est une fonction de l'épaisseur du milieu. Si e augmente indéfiniment, α^e tend vers 0 ; la quantité de lumière transmise est de plus en plus faible, et le milieu devient opaque.

aussi spécifiques des corps qui les produisent que les *spectres d'émission*, dont ils sont l'*inverse;* et si, pour une substance donnée, les pouvoirs émissifs et absorbants varient d'une manière discontinue, ces deux spectres présentent des particularités assez remarquables pour être facilement reconnaissables, et peuvent indifféremment servir à caractériser cette substance. L'observation des spectres d'émission convient particulièrement aux corps gazeux ; pour les solides et les liquides, c'est aux spectres d'absorption qu'il faut avoir recours.

Enfin, l'espèce de filtration ou de tamisage que subit la lumière en traversant les milieux diaphanes rend compte de la coloration qu'elle présente au sortir de ces milieux, et en particulier des phénomènes si remarquables du *polychroïsme*.

Je termine ici ces notions préliminaires sur lesquelles j'ai retenu trop longtemps peut-être l'attention du lecteur. Mais il m'a paru indispensable, avant d'entrer dans le détail de l'expérimentation et d'en exposer les résultats, de justifier la méthode sur laquelle elle s'appuie, et de rappeler les grandes lois physiques qui servent de base à cette méthode elle-même.

II

APPAREILS SPECTROMÉTRIQUES ET MANUEL OPÉRATOIRE.

Pour faire des observations spectroscopiques, la première condition à remplir est d'avoir un prisme. A la rigueur, il suffirait de regarder au travers de cet instrument une petite quantité de matière colorante placée dans un tube mince et bien éclairé, pour distinguer les raies d'absorption qu'elle est susceptible de donner. Il faut avouer toutefois que ce procédé d'observation serait singulièrement primitif, et qu'il risquerait de se trouver souvent en défaut; il est donc nécessaire d'avoir recours à des appareils plus parfaits.

Ces appareils ont été désignés sous le nom de *spectroscopes* ou *spectromètres*. Leur forme a été variée à l'infini; mais les parties essentielles restent toujours les mêmes, et l'on peut dire en général que tout spectroscope se compose des pièces suivantes :

1° Un *prisme*, qui est habituellement en flint-glass bien pur. On a souvent employé aussi des auges prismatiques de verre creux, fermées par des glaces à faces parallèles, et

remplies de sulfure de carbone. On obtient ainsi des prismes bien homogènes et très-dispersifs ; mais il faut avoir
soin d'éviter les inégalités de température dans la masse
liquide.

2º Un *collimateur*, c'est-à-dire un tube qui porte à
l'une de ses extrémités une lentille convergente, et à
l'autre extrémité, au foyer principal de cette lentille, une
fente à bords parallèles, dont une vis de rappel permet
de rapprocher ou d'écarter les lèvres à volonté. La fente,
étant éclairée, donne un faisceau divergent de rayons
qui traversent la lentille, en sortent parallèles à l'axe, et
sont ensuite reçus sur le prisme, où ils se réfractent et
se dispersent.

3º Une *lunette* à fort grossissement, munie d'un réti-
cule, au moyen de laquelle on vise le spectre à son émergence du prisme.

4º Enfin, un *micromètre*, c'est-à-dire une plaque de
verre noircie sur laquelle est gravée une fine gradua-
tion transparente, et qui est portée à l'extrémité d'un
tube muni aussi d'une lentille. Ce micromètre étant
placé vis-à-vis la face d'émergence du prisme et éclairé
par une bougie, son image vient se réfléchir sur cette
face et est rejetée vers la lunette, dans laquelle elle se
superpose au spectre, et où l'on peut lire ses divisions
amplifiées. L'appareil une fois réglé, le collimateur et
le micromètre restent tous les deux absolument fixes. Il
en résulte que la position des rayons réfléchis venus du
second, par rapport aux rayons réfractés venus du premier, ne change plus. En d'autres termes, une radiation
d'une réfrangibilité déterminée correspond toujours à
une même division de l'échelle. Le micromètre permet

par conséquent de comparer entre eux, avec précision, des spectres que l'on observe successivement.

Tel est l'ensemble du spectroscope. Je n'ai pas à insister ici sur les différentes modifications qu'on lui a fait subir depuis le jour où Frauenhofer le créa, en ayant pour la première fois l'idée de regarder un spectre avec une lunette. Ces modifications ont deux buts différents : tantôt on a voulu accroître la puissance de l'instrument: on a multiplié les prismes, on a augmenté le champ des lunettes et leur pouvoir grossissant; et, comme conséquence, on est arrivé à construire des appareils très-parfaits, mais de dimensions énormes et d'un maniement difficile. C'est dans un spectroscope de ce genre, formé de neuf prismes creux, remplis de sulfure de carbone, que M. Cooke a vu la raie jaune du sodium se résoudre en plus de soixante traits brillants extrêmement purs et parfaitement distincts. D'autres, au contraire, se sont efforcés, tout en conservant au spectroscope une puissance suffisante, d'en faire un instrument moins embarrassant, plus portatif et d'un usage plus commode. M. Dubosq a heureusement résolu ce problème, et, par une ingénieuse disposition des différentes pièces de l'appareil, il en a presque fait un spectroscope de poche. Dans ses recherches sur les diverses matières colorantes, Valentin s'est aussi servi le plus souvent d'un spectroscope simplifié [1]. Une simple boîte cylindrique, contenant un prisme creux rempli de sulfure de carbone et mobile sur son axe, munie

---

[1] Valentin ; *Der Gebrauch des Spectroskopes zu physiologischen und ärztlichen Zwecken*, 1863, pag. 22.

de deux prolongements, l'un portant un micromètre,
l'autre jouant le rôle de collimateur, et enfin percée d'une
ouverture latérale à laquelle on applique l'œil, tel est son
appareil. On voit que la lunette y est supprimée et que le
spectre est reçu directement, en même temps que l'image
du micromètre, dans l'œil de l'observateur. Le tout est
supporté latéralement et peut monter ou descendre le long
d'un pied métallique, à la manière des anciennes lampes
à niveau.

La réfraction n'étant pas proportionnelle à la dispersion,
on comprend qu'on puisse, par une combinaison convenable de plusieurs milieux de pouvoirs dispersifs et réfrin-
gents différents, faire disparaître à volonté l'une des deux,
tout en conservant l'autre. Les lentilles achromatiques
sont une application de ce principe. Le prisme *à vision
directe* est l'application inverse. Sans entrer dans des détails
inutiles, je dirai seulement qu'il se compose de plusieurs
(trois ou cinq) prismes de flint et de crown accolés, et
taillés de telle manière qu'un faisceau lumineux qui les
traverse en sort dispersé et non dévié. Ce prisme a été
particulièrement employé pour les observations astrono-
miques, mais on l'a aussi utilisé récemment dans la con-
struction d'appareils nouveaux, désignés sous le nom de
micro-spectroscopes. Huggins en a proposé un modèle ; mais
c'est surtout Sorby qui, voulant faire de l'observation des
spectres d'absorption une véritable méthode d'analyse,
s'est attaché à en perfectionner l'instrument[1]. A un grand

---

[1] Voyez *Quateriy Journal of science*, avril 1865, II, 198, et *Popular
cience Review*, V, 66.

microscope binoculaire ordinaire, il adapte un objectif qui donne une image réelle de l'objet à une distance déterminée. En ce point est une fente, semblable à celle du spectroscope, qui ne laisse passer que les rayons émanés d'une portion de cette image. Ces rayons tombent ensuite sur un prisme à vision directe, qui les disperse et donne un spectre que l'on examine à travers un oculaire amplifiant. Enfin, l'appareil de Sorby porte un micromètre particulier, fondé sur le principe des interférences, et formé de deux nicols et d'une lame de quartz interposée[1].

En faisant passer l'une après l'autre sous l'objectif les différentes parties du corps soumises à l'observation, on peut analyser successivement la lumière que chacune d'elles envoie à la fente. On comprend de quelle utilité peut être un pareil instrument, lorsqu'on n'a à sa disposition que des quantités très-petites de matière[2].

---

[1] Sorby; *Proceed.*, loc. cit.

[2] « On pourrait encore étendre l'analyse spectrale à la microscopie, en employant la disposition suivante, fondée sur les phénomènes de coloration que donnent les réseaux de Nobert (*Pogg. Ann.*, LXXXV). Lorsqu'on place sur le porte-objet d'un microscope une lame de verre présentant un petit nombre de traits parallèles équidistants et très-rapprochés, et qu'on l'éclaire au moyen du miroir sous un angle convenable, on voit, lorsqu'on emploie un faible grossissement (25 fois environ), apparaître dans le champ du microscope une bande lumineuse dont la coloration dépend de l'intervalle compris entre deux traits consécutifs du réseau. Si cette distance est de 0,016 de pouce, la lumière est rouge; si elle est de 0,0009 de pouce, elle est violette; pour des intervalles intermédiaires, on obtient les autres couleurs. Or, si, en conservant les dispositions indiquées par Nobert, on remplace le réseau à lignes parallèles par une série de lignes obliques de 2^{mm} environ de longueur, concourant vers un même point, équidistantes, et telles qu'à une extrémité l'intervalle de deux lignes consécutives soit de 0,0016 de pouce et à l'autre de 0,0009 de pouce, il est évident qu'un pareil réseau devra donner de la lumière

C'est de ce microscope binoculaire spectroscopique que Bird Herapath s'est servi pour étudier les spectres d'absorption du sang[1]. C'est encore avec le même appareil que tout récemment M. Crookes, examinant la lumière qui a traversé les opales, a vu les spectres de ces pierres sillonnés de raies noires très-curieuses[2]. Je ne sache pas que le micro-spectroscope ait jamais été construit hors de l'Angleterre.

L'appareil qui a servi à mes propres observations est un grand spectroscope de Dubosq, qui appartient au cabinet de physique de la Sorbonne. Sur un pied massif, muni de vis calantes, est supporté un grand plateau métallique, dont la circonférence est divisée en degrés et demi-degrés. Le collimateur, la lunette et le micromètre peuvent tourner autour de cette circonférence et y prendre toutes les positions. Ils sont de plus mobiles chacun sur un axe particulier, qui permet de leur donner toutes les orientations possibles. Tous ces mouvements sont gouvernés par des

rouge à l'une de ses extrémités, de la lumière violette à l'autre, et entre celles-ci les diverses colorations du spectre. On observerait donc une bande lumineuse dans laquelle les couleurs se succéderaient dans le même ordre que dans le spectre ordinaire. En plaçant sur la lame divisée une substance absorbante, une goutte de sang, par exemple, le spectre deviendrait évidemment discontinu et présenterait les bandes d'absorption qui caractérisent ce liquide. Cet appareil permettrait donc d'étudier les spectres d'absorption de corps dont les dimensions pourraient être inférieures à 0,1 de millimètre. Il aurait en outre l'avantage de n'ajouter aux accessoires ordinaires du microscope qu'une pièce de petit volume, et de ne pas changer les conditions ordinaires d'observation. » (Diacon : *Décomposition de la lumière provenant de diverses sources : analyse spectrale*. 1867.)

[1] *Chemical News*, mars 1868, XVII, 113.—Comparez : *Moniteur scientifique* du Dr Quesneville, 1er mai 1868, X, livr. 273e.

[2] *Cosmos*, 24 juillet 1869.

vis de rappel, et se mesurent à l'aide de verniers. La partie
centrale du plateau porte six prismes de flint-glass, mobiles
chacun sur un axe vertical, et l'appareil peut se régler à
volonté pour un, deux, trois… prismes. Après un certain
nombre d'essais, je me suis décidé à n'en employer qu'un
seul. Une dispersion trop grande rend les limites des
bandes d'absorption indécises, et ôte au phénomène une
partie de sa netteté. D'ailleurs, quelque transparents que
puissent être les prismes, ils interceptent nécessairement
une fraction de la lumière qui les traverse, et les réflexions
multiples qu'elle a à subir sur un nombre si considérable
de surfaces ajoute à la cause précédente une cause nouvelle de déperdition. Il en résulte que le spectre devient
moins lumineux, et que, par conséquent, les contrastes
entre les parties ombrées et les parties claires se font
moins vivement sentir. On pourrait, il est vrai, remédier
à cet inconvénient en augmentant l'intensité de la source.

Le collimateur et le micromètre étant placés dans des
directions convenables, le prisme tourné au minimum de
déviation, la fente convenablement serrée, et le tirage de
la lunette *mis au point* pour ma vue; — en un mot, l'appareil étant réglé, — je pouvais distinguer très-nettement
les raies du spectre solaire, dont les principales corres-
pondaient aux divisions suivantes de mon échelle :

A	. . .	22	E	87,5
a	. . . .	26	b	93
B	. . . .	32	F	112,5
C	. . .	40	G	162
D	. . .	60	H	187

Je dois faire remarquer ici que rien n'est plus variable

que les échelles dont se sont servis les différents observateurs. Mais, grâce à la précaution qu'ils ont toujours prise d'indiquer, comme ci-dessus, la position des raies de Frauenhofer sur leurs divisions, il est, sinon toujours très-facile, du moins possible d'*établir la correspondance* de deux échelles quelconques, et par conséquent de comparer des spectres de dispersions très-diverses et observés dans des instruments différents.

Un faisceau lumineux étant dirigé sur la fente du collimateur, il suffit de placer devant cette fente la matière à étudier, pour voir se produire immédiatement le spectre d'absorption. Cette matière étant en général liquide, il faut la mettre dans un récipient transparent. On s'est servi pour cela de tubes de cristal, ou de petites cuves parallèles. Ces dernières sont de beaucoup préférables. Le modèle suivant est très-commode.

Une glace à faces parallèles, rodée de part en part dans sa partie centrale, se trouve pressée entre deux autres glaces minces, par une double monture en cuivre, percée de même d'un trou central et serrée au moyen de quatre vis de pression. L'ensemble de ces différentes parties forme une petite cavité cylindrique, fermée par deux parois transparentes et parallèles. On peut donner à la glace centrale des épaisseurs variées, 2^{mm}, 5^{mm}, 10^{mm}, 20^{mm}...., et il suffit de desserrer les vis pour remplacer l'une de ces formes par une ou plusieurs autres, et par conséquent pour obtenir des récipients d'épaisseurs diverses. Un petit trou fermé par un bouchon à l'émeri permet de remplir et de vider facilement la cavité centrale au moyen d'une pipette à pointe fine.

L'expérience une fois préparée, il reste à déterminer de quelle lumière on doit se servir. Si l'on a bien compris ce que j'ai dit plus haut sur l'absorption[1], on doit voir que le choix de la source lumineuse n'est pas indifférent, et peut influencer d'une manière notable les résultats à obtenir.

Je commence par exclure la lumière *directe* du soleil. Elle donne en effet dans la lunette une image tellement éblouissante qu'il est à peu près impossible de la supporter. Ce n'est, en tout cas, que dans des circonstances exceptionnelles qu'on pourrait l'employer.

La lumière solaire diffusée par les nuées fournit un spectre excellent, très-net, coupé par les raies, qu'on ne peut confondre avec les bandes d'absorption des liquides interposés ; mais son éclat est habituellement peu constant. S'il n'y a pas de nuages au ciel, on peut, au moyen d'un héliostat, projeter un faisceau de rayons solaires sur un écran de papier blanc, et prendre l'écran ainsi illuminé pour source lumineuse. Quant au rayonnement bleu atmosphérique, les jours où le ciel est pur, il donne un spectre très-pâle et insuffisant.

La lumière Drummond est blanche et très-éclatante, mais elle exige tout un outillage spécial et est d'un usage peu pratique.

Enfin, une lampe à gaz ou une lampe à huile ordinaire donne un spectre continu, dû aux particules incandescentes de charbon que sa flamme contient, très-constant, très-riche en radiations peu réfrangibles, mais pauvre au contraire en rayons bleus et violets. Il en résulte qu'une

---

[1] Voir la note page 32.

même substance paraîtra, avec la lumière du gaz, plus opaque pour l'extrémité la plus déviée du spectre, que si l'on employait la lumière diffuse du soleil ; il en résulte aussi que les phénomènes d'absorption se verront plus nettement et s'étudieront mieux, dans le rouge avec la lumière d'une lampe, dans le violet avec la lumière du jour[1]. La lumière artificielle présente sur toutes les autres cet avantage qu'on peut se la procurer sans difficulté à un moment quelconque. Cette considération la fera préférer le plus souvent, et avec d'autant moins d'inconvénients que, dans le plus grand nombre de cas, les bandes caractéristiques appartiennent à la partie du spectre la moins réfrangible.

Tous ceux qui ont regardé des spectres d'absorption ont pu remarquer la difficulté que présente quelquefois l'appréciation de certaines ombres. En effet, s'il existe des bandes ou raies bien nettes, à bord tranchés, se détachant vigoureusement sur le fond lumineux qui les entoure, il y a aussi des absorptions plus ou moins étendues qui vont en se dégradant peu à peu, et passent, par une série de transitions insensibles, de la complète lumière à la complète obscurité. Les limites de ces ombres sont quelquefois très-difficiles à déterminer.

On diminue cette difficulté d'une manière très-sensible

---

[1] Pour se faire une idée des modifications que des sources lumineuses différentes peuvent apporter dans les phénomènes de l'absorption, il suffit d'examiner une dissolution de sulfate de chrome par transparence. A la lumière solaire, cette dissolution est verte ; à la lampe, elle prend une couleur rouge violacée. L'interprétation de ce fait et d'autres du même ordre se déduit aisément de la formule de l'absorption établie plus haut.

en comparant constamment le spectre d'absorption au spectre normal. Il y a deux manières d'atteindre ce résultat. D'abord, tous les collimateurs portent, à la partie supérieure de la fente, un petit prisme à réflexion totale, qui renvoie dans l'appareil les rayons émis par une source placée latéralement. La lunette vise alors deux spectres à la fois : le spectre normal provenant de la lumière émise par la source latérale et réfléchie par le petit prisme, et le spectre d'absorption provenant de la lumière directe qui a traversé le milieu transparent placé devant la fente.

On peut, en second lieu, se contenter de remplir seulement à moitié la petite cuve du liquide soumis à l'expérience. La partie inférieure du faisceau lumineux traverse le milieu coloré et donne le spectre d'absorption; la partie supérieure, passant au-dessus du niveau du liquide, ne traverse que les glaces parallèles et donne le spectre normal. On a donc encore les deux spectres superposés comme tout à l'heure. Mais, comme la lunette est astronomique et donne des images renversées, on voit, dans le second cas aussi bien que dans le premier, le spectre d'absorption en haut, et l'autre en bas. La comparaison des parties correspondantes des deux spectres permet une appréciation plus juste de la valeur des ombres. Une grande ligne noire, horizontale, indiquant le niveau du liquide, et produite par la déformation que lui fait subir l'attraction capillaire, sépare nettement les deux images l'une de l'autre.

Enfin, une précaution essentielle à prendre, consiste à éviter avec soin l'arrivée de toute lumière latérale dans

le spectroscope. Une sorte de grand chapeau circulaire ,
noirci en dedans et percé de trois ouvertures correspondant
au collimateur, à la lunette et au micromètre, recouvre les
prismes. Mais cela ne suffit pas, et il est nécessaire d'en-
velopper tout l'appareil de pièces d'étoffe de couleur noire.
Il est même préférable de faire les observations dans
l'obscurité.

III

MÉTHODES DE REPRÉSENTATION DES SPECTRES.

Il ne suffit pas d'observer les spectres d'absorption : il faut encore les *représenter* , de manière à fixer d'une manière indélébile , soit pour soi-même, soit pour les autres, le résultat de chaque observation. Pour atteindre ce but, on peut d'abord les dessiner d'après nature , en les reportant sur le papier, à une échelle déterminée correspondante à l'échelle du spectroscope, et en copiant fidèlement les alternatives d'ombre et de lumière qu'ils présentent. Mais on comprendra sans peine que ce procédé, peu expéditif, qui exige d'ailleurs une certaine habitude du dessin et du crayon, est en général d'un usage peu pratique, et devient même dans certains cas complètement inapplicable. Aussi a-t-on depuis longtemps cherché des méthodes de représentation d'un emploi plus général et plus commode. Au premier rang il faut placer la méthode des constructions graphiques.

Il suffit de regarder un spectre solaire pour s'apercevoir immédiatement que les divers rayons qui le composent

n'ont pas tous la même intensité lumineuse. A peine visible
en dehors de A, il s'éclaircit peu à peu jusque dans le jaune,
un peu au-delà de D, où se trouve un maximum d'éclat;
puis il recommence à s'obscurcir, et s'assombrit de plus
en plus, de manière à arriver graduellement à une obscurité complète vers H. Cela posé, distribuons sur une ligne
horizontale XY (*Pl.* III, *fig.* 1) les différentes couleurs du
spectre, et représentons par des ordonnées élevées en
chaque point les intensités des rayons correspondants ;
les sommets de toutes ces ordonnées réunis, formeront
une courbe $\alpha\delta\epsilon\gamma$ qui représentera le spectre solaire.

Appliquons maintenant la même manière d'opérer à
un spectre d'absorption, et supposons que nous obtenions
la courbe emblème sinueuse *fig.* 2. Dans certaines de ses
parties—de 20 à 32,—de 45 à 50, etc.,—cette courbe se
superpose à celle du spectre normal. Cela indique que,
pour les rayons de réfrangibilités correspondantes, l'absorption est, sinon nulle (ce qui est impossible, comme
nous l'avons vu), du moins assez faible pour ne pas
éteindre sensiblement ces rayons. Dans d'autres points,
au contraire, la courbe s'écarte et se rapproche plus ou
moins de la ligne XY. Si elle s'abaisse jusqu'à la toucher,
toute lumière disparaît, et on a une obscurité complète,
comme de 32 à 44, et de 100 à 200. On voit, en résumé,
qu'en chaque point la valeur de l'absorption est indiquée
par la différence de niveau des deux courbes.

Pour développer en quelques mots l'exemple donné
par la *fig.* 2, nous dirons que le spectre d'absorption qu'elle
représente offre une bande très-noire, de 32 à 44; deux
autres bandes moins foncées, de 50 à 57, et de 77 à
84 : enfin, une ombre graduellement croissante vers le

violet, à partir de 92, et transformée en obscurité com
plète vers 100. Ce spectre est celui de la chlorophylle.
Comparez *Pl.* I. 5.

Il y a une seconde manière d'employer les constructions graphiques. Elle consiste à représenter par des ordonnées, non plus des intensités de lumière, mais au contraire, si je puis employer cette expression, des *intensités
d'ombre*. Dans ce cas, on prend les ordonnées négativement, c'est-à-dire au-dessous de XY. On adopte une valeur
conventionnelle pour figurer l'obscurité absolue ; des longueurs graduellement décroissantes indiquent les ombres
de moins en moins prononcées. La *fig.* 3 reproduit le
spectre de la chlorophylle d'après ce second système, et
un peu d'attention suffira pour faire reconnaître qu'on
pourrait au besoin passer de celui-ci au précédent, ou
inversement, sans aucune difficulté [1].

Il est évident que l'application rigoureuse de ces méthodes exigerait l'emploi de procédés photométriques pré-
cis. L'appréciation des intensités lumineuses par l'œil ne
peut conduire qu'à des à peu près : mais cette approxi-
mation est parfaitement suffisante dans la pratique habi-
tuelle.

Enfin, il existe, pour les spectres d'absorption, une no-

[1] M. D.-E. Askenasy a adopté ce système de représentation graphique
dans ses recherches spectroscopiques sur la chlorophylle, et le dessin que
je donne d'après mes propres observations est conforme aux siens de tout
point, sauf l'échelle, qui, bien entendu, est différente. (*Beiträge zur
Kenntniss des Chlorophylls und einiger desselbe begleitender Farbstoffe:
— Botanische Zeitung.* 19, 26 juillet 1867, n°ˢ 29, 30.,

Ombre nulle...............................

Ombre très légère..................... . . .

Ombre bien accusée.................. . . .

Ombre plus marquée............... _ _ _

Ombre très forte, mais sous laquelle on
distingue encore nettement la couleur........ + + +

Presque noir............................. —

Obscurité complète.................... =

tation toute particulière, extrêmement ingénieuse et d'un usage très-commode. L'idée première en est due à Sorby[1], et je m'en suis servi constamment, en introduisant toutefois quelques modifications dans les signes qu'il a employés. Elle consiste à établir une sorte d'échelle dans les intensités d'ombres graduellement existantes, depuis la lumière complète jusqu'à la complète obscurité, et à représenter chaque degré de cette échelle par un symbole particulier. On va voir qu'il est facile, par ce moyen, d'exprimer en une seule ligne toutes les particularités que peut présenter un spectre quelconque. Voici d'abord les signes employés. *(Voir la Planche ci-contre.)*

Ces signes se placent entre les nombres de la division micrométrique correspondants aux ombres que l'on veut représenter.

J'applique immédiatement ce procédé à un exemple :

Rouge et orangé purs.	Ombre graduellement croissante.	Bande d'absorption très-sombre.	Ombre graduellement décroissante	Vert pur	Ombre croissante.	Bande d'absorption moins foncée.	Ombre décroissante.	Vert et bleu purs.	Ombre graduellement croissante jusqu'à	Obscurité absolue.
60 .	+ 61 =	67 +	. 68	74 .	+ 75 —	86 +	. 88	106 .	+ 130 =	

Ce spectre appartient au sang, comme nous le verrons bientôt. (Comparez *Pl.* II, 11.)

Avec un peu d'exercice, on arrive à appliquer dans tous les cas le même symbole à une valeur d'ombre qui est toujours très-sensiblement la même, et à *écrire* par conséquent les spectres d'absorption avec une précision

[1] Sorby, *loc. cit.*, pag. 436.

très-suffisante, et avec une rapidité qu'aucun autre procédé ne permet d'égaler. Ce n'est pas tout : au bout de
quelque temps, on prend l'habitude de *lire* les spectres
aussi facilement qu'on les écrit ; de telle sorte qu'une
ligne, comme celle écrite ci-dessus, présente à l'esprit un
sens aussi clair, une image aussi nette que peuvent le
faire les systèmes de courbes, et peut par conséquent,
comme eux, remplacer de longues et minutieuses descrip-
tions, ou des dessins d'après nature.

Comme application, voici les spectres d'absorption re-
présentés *Pl.* I, 1, 2, ... 6. On pourra comparer les formules aux dessins :

1. Carmin dissous dans l'ammoniaque.

$$58 \,.\,-+64-73++77=95-105++110-.\,120$$

2. Azote d'urane.

$$109\,.\,-+112\,.\,.\,114 \quad 119\,.\,-+122-126--128\,.\,.\,132-+138=$$

3. Teinture alcoolique d'orcanette.

$$65\,.\,.\,68--72\,.\,.\,74 \quad 84\,.\,-87++93\,.\,.\,108++116-.\,123$$

4. Verre bleu de cobalt.

$$32\,.\,+34+=47++55-63+.\,68 \quad 75\,.\,-78++89-.\,96\,.\,.\,.\,112$$

5. Chlorophylle normale en dissolution dans l'alcool.

$$32=42+.\,44 \quad 49\,.\,-50++55-.\,57 \quad 77++81 \quad 93\,.\,-+100=$$

6. Permanganate de potasse.

$$63\,.\,-65++69\,.\,.\,73=82--84=93--66-104\,.\,.\,109++$$
$$115\,.\,.\,.\,121\,.\,.\,.\,127$$

IV

SPECTRES D'ABSORPTION DU SANG.

Parmi tous les liquides colorés, le sang est un de ceux qui sont susceptibles de donner à l'analyse spectroscopique les résultats les plus intéressants. Non-seulement, en effet, les phénomènes d'absorption lumineuse qu'il manifeste à l'état normal offrent des caractères spéciaux et bien tranchés, mais encore la matière colorante qu'il contient peut, sous l'influence de réactifs appropriés, subir certaines modifications qui se traduisent par des transformations correspondantes dans son spectre. Il en résulte que le sang possède cinq ou six spectres d'absorption caractéristiques, dont un seul suffirait pour faire reconnaître sa présence. On comprendra d'ailleurs sans peine quel intérêt ajoute à l'attrait purement scientifique et spéculatif de ces études l'application qui pourrait en être faite dans certains cas aux expertises médico-légales.

Nous allons étudier en premier lieu les caractères spectroscopiques du sang normal, tel qu'il sort de l'économie vivante; nous verrons ensuite les modifications que l'action des réactifs introduit dans ces caractères.

4

Le sang est, comme on le sait, très-opaque, même sous une petite épaisseur ; il absorbe très-vite toutes les radiations lumineuses. Cependant si, avec du mastic, on fixe parallèlement, l'une sur l'autre, deux lames de verre en laissant entre elles un intervalle égal à environ 1/10 ou 1/5 de millimètre, et que l'on fasse tomber dans cet intervalle une goutte de sang pur, on peut constater que les rayons rouges traversent ; et même, en se servant d'une lumière très-intense, on aperçoit un espace qui paraît s'éclaircir un peu dans la partie verte du spectre [1]. D'autre part, si on fait couler un peu de sang sur une plaque de verre, la couche très-mince que l'attraction moléculaire fait adhérer est manifestement transparente, et elle donne nettement le spectre d'absorption caractéristique que je décrirai bientôt.

On pourrait donc étudier les caractères optiques du sang normal, en le faisant traverser par la lumière sous des épaisseurs suffisamment réduites. Mais il est beaucoup plus commode de diminuer son opacité en l'étendant d'eau. L'eau attaque rapidement l'enveloppe extérieure des globules, et devient rouge, en dissolvant, sans l'altérer, leur matière colorante. A l'exemple de Stokes [2], on peut utiliser cette propriété en opérant de la manière suivante. On laisse coaguler le sang ; on broie ensuite le caillot, on le lave avec de l'eau et on filtre. On obtient ainsi une sorte d'extrait aqueux coloré, très-diaphane, et qui jouit de toutes les propriétés optiques du sang lui-même.

---

[1] Valentin, *loc. cit.*, 74.

[2] Stokes ; *On the reduction and oxidation of the Colouring Matter of the Blood. (Proceedings of the Royal Society of London*, juin 1864, XIII, 355.)

Les solutions obtenues par l'un ou l'autre de ces deux procédés présentent une coloration de moins en moins foncée et une transparence graduellement croissante, à mesure que la proportion de l'élément sanguin y diminue. Il est donc possible, dans tous les cas, de combiner l'épaisseur et la dilution, de manière à obtenir tel degré de transparence et de coloration qu'on voudra.

Occupons-nous, en premier lieu, du sang artériel. Nous l'obtiendrons, soit en le retirant directement d'une artère d'un animal, soit en saturant d'oxygène un sang quelconque. Mettons dans une de nos auges à faces parallèles quelques gouttes de ce sang, que nous allons étendre peu à peu, tout en faisant nos observations, par l'addition successive de petites quantités d'eau ; plaçons l'auge devant la fente du collimateur, et appliquons l'œil à la lunette.

Si la quantité de sang est suffisante, la solution est d'abord complètement opaque ; aucun rayon ne passe. Mais lorsque la proportion d'eau ajoutée atteint une certaine limite, on voit apparaître une bande rouge qui, d'abord sombre et étroite, s'éclaire et s'élargit graduellement. A un moment donné, le rouge et le commencement de l'orangé paraissent à peu près aussi brillants que dans le spectre normal placé au-dessous (voir ci-dessus, pag. 46). Mais un peu avant la raie D, le spectre semble coupé brusquement par une ombre épaisse, qui couvre toute sa partie la plus réfrangible. Les rayons rouges extrêmes subissent aussi encore une absorption sensible.

Bientôt après, l'ombre dont je viens de parler semble

se diviser en deux portions. Les rayons verts commencent à passer vers *b*, et, à mesure que ce nouvel espace lumineux gagne, à l'exemple du premier, en largeur et en clarté, la première partie de l'ombre se subdivise à son tour en deux portions inégales, qui s'isolent et s'accentuent de plus en plus, de manière à finir par former deux bandes d'absorption bien distinctes, séparées par un intervalle brillant.

C'est à ce moment que le spectre du sang est particulièrement caractéristique. La première bande , étroite , mais très-noire, commence presque exactement à la raie D, et ressort vigoureusement sur le fond lumineux, orangé d'un côté, jaune verdâtre de l'autre, qui l'entoure. La seconde, plus large, un peu moins foncée, est moins nettement délimitée, surtout du côté droit[1], où elle se termine en s'affaiblissant vers E. Enfin toute la partie la plus déviée du spectre est couverte par une ombre qui commence, très-légère, entre *b* et F, et arrive, en s'accentuant par une série de transitions insensibles, jusqu'à l'obscurité absolue un peu au-delà de F, de manière à faire disparaître complètement le violet, l'indigo, et la presque totalité du bleu. Cette ombre laisse entre elle et la seconde bande un troisième intervalle clair qui comprend la plus grande partie du vert.

Tel est le spectre spécifique du sang artériel. A ce moment, la solution qui le donne paraît d'un beau rouge vermeil,

---

[1] On suppose toujours le spectre placé avec son extrémité la moins réfrangible à gauche.

et est aussi transparente qu'un verre coloré. Si on continue
à ajouter de l'eau, les caractères que je viens de décrire
perdent de leur netteté ; les deux bandes s'affaiblissent et
diminuent, mais en conservant toujours leurs proportions
relatives de largeur et d'intensité. En même temps l'absorption générale, qui éteignait les rayons les plus réfrangibles, recule peu à peu et découvre successivement le
bleu, l'indigo et le violet. Si on pousse l'expérience jusqu'au
bout, on voit les deux bandes finir par s'effacer complè-
ment et disparaître, celle de droite la première, celle de
gauche en dernier lieu. A ce moment, la solution, qui avait
passé du rouge à l'orangé, et de l'orangé au jaune de plus en
plus clair, ne présente plus à l'œil de coloration appréciable.

Les dessins 8, 9, 10, 11 et 12, *Pl.* I et II, représentent
les principales phases du phénomène que je viens de décrire.
Voici d'ailleurs les formules qui correspondent à ces phases ;
elles donneront sur la position exacte, la grandeur et
l'intensité relatives des parties claires et des parties ombrées du spectre, dans chaque cas, des notions beaucoup
plus précises que ne pourrait le faire la description la plus
minutieuse.

$$8$$
$$- . 32 \quad 57 . + 59 =$$
$$9$$
$$58 . + 59 = 92 + + 100 =$$
$$10$$
$$59 . + 60 = 69 + + 73 = 87 + + 89 . . \quad 100 - + 115 =$$
$$11$$
$$60 . + 61 = 67 + . 68 \quad 74 . + 75 - 86 + . 88 \quad 106 . - + - 130 =$$
$$12$$
$$61 . . 62 - - 64 . . 66 \quad 75 . . 76 . . . 82 . . 86 \quad 140 . + 150 - 155 =$$

Je donne de plus (*Pl.* III, *fig.* 4 et 5,, les traces graphiques du spectre d'absorption caractéristique du sang (11) en ordonnées positives et en ordonnées négatives. On voit que ces courbes offrent trois maxima et trois minima alternatifs, qui répondent respectivement aux parties claires et aux parties obscures de ce spectre.

Le sang veineux présente-t-il au spectroscope les mêmes caractères que le sang artériel? La différence de coloration bien tranchée qui existe entre eux devait faire supposer *à priori* que leurs spectres d'absorption sont aussi différents. Cependant, en soumettant, comme je l'ai fait, à l'analyse spectroscopique le sang qui sort de la veine d'un animal, on est tout d'abord frappé de la présence des deux bandes caractéristiques. Mais si l'on y regarde attentivement, il est facile d'apercevoir entre ce spectre et celui du sang artériel certaines dissemblances. D'abord, l'extrême rouge est assombri : il y a donc une absorption exercée sur les rayons de faible réfrangibilité. En second lieu, les bandes sont, l'une et l'autre, moins nettement limitées ; elles paraissent *estompées* sur leurs bords ; la première, en particulier, commence un peu avant la raie D par une ombre légère qui s'accentue peu à peu, passe sur cette raie. et n'arrive au noir absolu qu'à une distance d'elle très-appréciable. L'espace qui sépare les deux bandes est moins large et moins clair. Enfin, l'ombre qui couvre la partie la plus réfrangible a reculé vers le violet, de telle sorte que le sang veineux est plus transparent pour les rayons bleus que le sang artériel.

Le sang de la veine porte m'a donné des résultats identiques.

Ces détails, qui peuvent paraître minutieux à l'excès, ont une réelle importance, comme nous le verrons bientôt, lorsque nous aurons à examiner l'action de l'acide carbonique et des agents réducteurs sur le spectre d'absorption du sang. On peut du reste les vérifier très-aisément de la manière suivante.

Tous les physiologistes ont constaté l'avidité avec laquelle le sang veineux s'empare de l'oxygène. Cette propriété se manifeste en particulier par le changement de coloration qu'éprouvent les couches superficielles de ce liquide lorsqu'on l'abandonne au contact de l'air. Elles prennent la teinte vermeille du sang artériel, tandis que la partie inférieure garde sa couleur rouge-brun. Or, si on permet à cette transformation de s'opérer dans la petite cuve qui sert à l'expérience spectroscopique, l'œil reçoit à la fois, outre le spectre normal, les spectres du sang veineux et du sang artériel immédiatement accolés, et la comparaison en devient extrêmement facile.

Nous conclurons donc, en résumé, que le sang, tel qu'il sort de l'économie vivante, présente un spectre d'absorption spécifique, caractérisé par deux bandes obscures dans la partie jaune-verte, et par l'extinction à peu près complète de tous les rayons les plus réfrangibles, à partir du bleu ou de l'indigo. Quant aux petites différences que nous venons de constater entre les propriétés optiques du sang artériel et celles du sang veineux, nous verrons qu'elles se rattachent à des phénomènes et à des considérations d'un ordre plus général.

Dans tout ce qui précède, je n'ai spécifié en aucune

façon l'origine du sang sur lequel portaient les observations. C'est laisser supposer *à priori* que le liquide sanguin de tous les animaux présente les mêmes caractères. L'induction porte à croire qu'il en est ainsi : il est en effet à présumer que la matière qui donne au sang sa coloration est la même dans toutes les espèces ; mais l'expérience seule devait donner une réponse péremptoire.

Il est bien entendu qu'il ne peut être ici question que des animaux à sang rouge.

Hoppe avait déjà affirmé, d'après un certain nombre d'expériences, que tout sang, quelle que soit son origine, donne toujours le même spectre spécifique [1]. Mais les recherches plus complètes de Valentin sont propres à dissiper tout doute sur ce sujet. « J'ai retrouvé, dit-il, les bandes caractéristiques dans toutes les espèces de sang que j'ai observées : homme, chauve-souris, chien, chat nouveau-né et adulte, lapin, rat, héron ; dans le sang de la veine terminale d'un embryon de poulet de trois jours ; couleuvre, perche, têtard et grenouille [2]. » M. Paul Bert, ayant examiné aussi au même point de vue un grand nombre de sangs différents, est arrivé à la même conclusion. Enfin, mes propres expériences ont été faites indifféremment avec du sang d'homme, de bœuf, de mouton, de chien, de lapin et de grenouille, et j'ai à peine besoin de dire que je n'ai jamais rencontré une exception à la loi générale.

Les bandes d'absorption caractéristiques ne se mon-

---

[1] Hoppe ; *Virchow's Archiv*, 1862, XXIII 446.
[2] Valentin, *loc. cit*. 87.

trent pas seulement avec le sang liquide. Une couche excessivement mince coupée dans un caillot, appliquée sur une glace et placée devant la fente du spectroscope, les donne tout aussi nettement que le sang lui-même. On les distingue encore très-bien lorsque, après avoir fait tomber une goutte de sang sur une lame de verre, on la laisse se dessécher, et qu'on examine la tache ainsi produite. Ce fait, comme celui de l'erbine cité plus haut, semblerait prouver que le passage d'un corps de l'état de dissolution à l'état solide, ou réciproquement, ne modifie pas en général la loi que suit le pouvoir absorbant dans ce corps[1]. Seulement, comme dans ce cas la tache est toute fendillée, le spectre semble déchiqueté par des séries de raies horizontales, irrégulières, quelquefois très-rapprochées, dont la présence rend très-peu distinctes les particularités qu'il peut offrir, et nuit à l'observation.

On trouve aussi les bandes dans le liquide coloré que l'on obtient en traitant par l'eau des taches de sang même très-anciennes, laissées sur du fer, du bois, du linge, etc. Cependant, dans certaines circonstances, la matière colorante peut subir, en se desséchant, des altérations qui modifient son spectre d'une manière très-remarquable. J'aurai à revenir sur ce fait, qui aurait une importance capitale dans les applications à la médecine légale.

[1] D'après Berzélius, la matière colorante des globules se trouverait dans le sang, non à l'état de dissolution, mais seulement en suspension, c'est-à-dire à l'état solide, par suite de la présence simultanée dans le sérum de l'albumine et du chlorure de sodium à un certain degré de concentration. Or, nous avons vu que le sang pur présente exactement les mêmes caractères optiques que les solutions sanguines aqueuses plus ou moins étendues, dans lesquelles la matière colorante est au contraire dissoute.

Un autre fait, dont l'importance au même point de vue n'échappera à personne, est le suivant. Lorsqu'on abandonne un liquide sanguin à la décomposition spontanée, ses caractères optiques disparaissent avec une extrême lenteur. C'est ainsi que j'ai pu retrouver les bandes caractéristiques dans du sang que j'avais laissé librement exposé à l'air pendant plusieurs mois, qui répandait une odeur infecte, et que le microscope m'a montré envahi par les infusoires de la putréfaction.

Il me reste à dire un mot de la sensibilité de la méthode.

Nous avons vu qu'à moins d'observer le sang sous des épaisseurs infiniment petites, il est nécessaire d'en faire des solutions étendues pour diminuer son opacité. Quelques gouttes suffisent en effet pour colorer très-sensiblement une quantité d'eau assez considérable, et les bandes d'absorption s'aperçoivent encore lorsque le liquide parait incolore, ou du moins ne présente plus à l'œil qu'une teinte jaune à peine appréciable. Valentin a établi des mesures précises, en préparant des mélanges de sang et d'eau dans des proportions déterminées, et la moyenne des résultats qu'il a obtenus l'a conduit à admettre que le sang donne encore des traces reconnaissables de son spectre caractéristique, sous une épaisseur de 15^{mm}, dans une solution qui n'en contient plus que $\frac{1}{7000}$. Dans certains cas, il a pu aller bien au-delà. Nul doute, du reste, qu'on ne pût dépasser beaucoup cette limite, en faisant croître convenablement l'épaisseur des couches traversées par la lumière.

On conçoit toute la valeur qu'une pareille sensibilité
doit donner à l'observation spectroscopique, et on comprend que celle-ci puisse indiquer avec certitude la présence du sang dans des cas où les procédés chimiques,
aussi bien que les recherches microscopiques, ne condui-
raient presque certainement qu'à des résultats négatifs.

V

TRANSFORMATIONS DES SPECTRES DU SANG PAR LES RÉACTIFS

Lorsqu'on traite une solution sanguine par divers réactifs, on voit les bandes caractéristiques changer d'aspect, d'étendue, d'intensité, souvent s'effacer, tandis qu'il en apparaît de nouvelles dans d'autres parties du spectre ; en un mot, ce spectre éprouve certaines modifications, ou, pour mieux dire, il disparaît pour faire place à des spectres différents. Ces changements dans les phénomènes de l'absorption sont naturellement accompagnés par des changements de coloration. Ils sont accompagnés aussi évidemment par des altérations de la matière colorante des hématies. Ces spectres, secondaires en quelque sorte, se produisant toujours identiques à eux-mêmes, toutes les fois qu'on fait naître les mêmes concours de circonstances. on peut en conclure que chacun d'eux est aussi spécifique que celui du sang lui-même, et caractérise un produit déterminé de décomposition ou de dérivation de la matière colorante. Il serait extrêmement intéressant de relier les unes aux autres ces transformations d'ordres divers, de

saisir la nature intime des phénomènes chimiques correspondant aux phénomènes lumineux, de pouvoir appliquer
sur chaque spectre un nom et une formule chimique.

Malheureusement l'histochimie, c'est-à-dire la chimie
des éléments anatomiques, qui est et doit devenir de
plus en plus l'indispensable complément de l'histologie,
est une science d'origine toute récente, et marche
encore d'un pas mal assuré. Subordonnée à la chimie orga-
nique, dont elle est l'application la plus immédiate ; liée
essentiellement à la chimie physiologique, dont on peut
la considérer comme une branche, elle devait suivre ces
deux sciences dans son développement. De grandes diffi-
cultés s'opposent d'ailleurs à ce qu'elle fasse de rapides
progrès. Le chimiste s'y trouve en effet le plus souvent
en face d'un assemblage d'éléments multiples, quelquefois
très-voisins les uns des autres par leurs propriétés, presque toujours très-facilement décomposables et susceptibles
au plus haut degré de s'altérer sous l'influence des réactifs
qu'il emploie pour les isoler. Aussi peut-on dire, avec
l'un des micrographes les plus autorisés de nos jours [1], que
les premières bases de l'histochimie sont à peine posées.

Pour ce qui regarde la matière colorante du sang, par
exemple, il est certain que, malgré tous les travaux
qui ont été accomplis jusqu'à ce jour, on sait encore bien
peu de chose sur sa vraie nature et ses propriétés. Je
n'en veux d'autres preuves que les nombreuses diver-

---

[1] H. Frey ; *Traité d'histologie et d'histochimie*, trad. de l'allemand par
Spillmann.. 1868.

gences qui séparent les auteurs qui se sont occupés de ces questions. Il est plus que douteux, en particulier, qu'on ait jamais isolé cette matière, telle qu'elle existe normalement dans le sang. C'est toujours à des produits de décomposition qu'on a eu affaire, produits qui ont varié suivant les modes de préparation : ainsi s'expliquent les contradictions que l'on rencontre lorsqu'on compare les résultats obtenus par des observateurs différents. Je ne doute pas, pour mon compte, que l'emploi raisonné du spectroscope, allié à une application sévère de l'analyse chimique, ne parvienne quelque jour à débrouiller ce chaos et à porter la lumière dans ces questions encore obscures. Si l'on pense au rôle immense que joue sans aucun doute la matière colorante des hématies dans les phénomènes de la respiration, de la combustion interstitielle, en un mot, de la nutrition ; si l'on songe qu'elle est très-probablement l'agent actif de ces échanges continus avec le monde extérieur qui constituent la vie, on comprendra l'importance du service que la spectrométrie rendrait à la physiologie.

Quelles que puissent être les divergences des chimistes et des physiologistes sur d'autres points, il y a d'abord un fait qui échappe à toute contestation : c'est celui-ci : le sang contient une matière colorante, et cette matière existe, non dans le plasma, mais dans les corpuscules discoïdes rouges que ce liquide charrie. Elle s'y trouve, unie peut-être molécule à molécule, avec une substance incolore, à laquelle on a donné le nom de *globuline*, et qui, sous l'influence combinée de l'oxygène, de l'acide carbonique et de la lumière, est susceptible de se trans-

former en une substance cristallisable appelée *hématocristalline*. Quant à la matière colorante elle-même, elle n'est
pas plus ce que l'on désigne par le terme d'*hématosine* ou
d'*hématine* , que l'hématocristalline n'est la globuline.
Ni l'hématosine , ni l'hématocristalline ne préexistent
toutes formées dans le globule sanguin ; elles sont l'une
et l'autre des produits de transformation. Telle est l'opinion à laquelle se rallient de plus en plus les chimistes
modernes, et nous allons voir que les phénomènes spectroscopiques leur donnent pleinement raison. La matière
colorante contenue dans le sang sous forme soluble présente
des caractères trop différents de ceux de l'hématosine ,
pour qu'on puisse admettre que c'est une seule substance,
même dans deux états différents, comme l'ont supposé
certains chimistes. Il existe donc dans le sang une matière colorante rouge, distincte de l'hématosine, et pour
laquelle il faut bien trouver une dénomination. Aussi ,
malgré ma répugnance à introduire un mot nouveau dans
une question déjà surchargée d'une terminologie embar-
rassante, je propose, à l'exemple de Stokes[1], de l'appeler
cruorine. Il sera donc entendu que la cruorine est pour
nous la matière colorante du sang, *telle qu'elle existe* dans
le globule.

Il est presque inutile de dire, après ce qui précède,
qu'on ignore absolument la vraie composition et la formule chimique de la cruorine. Ce qu'on peut affirmer, c'est
qu'elle est une substance protéique, plus ou moins voisine
de l'albumine et de la fibrine , et remarquable par la
présence constante d'une certaine quantité de fer.

---

[1] Stokes; *Proceed.*, loc. cit., 357.

Si l'on met, sur le porte-objet du microscope, les globules sanguins en contact avec une petite quantité d'eau, on les voit devenir sphériques, en diminuant un peu de diamètre. L'action se prolongeant, ils pâlissent et finissent par se décolorer complètement, tandis que le liquide dans lequel ils baignent prend une teinte jaunâtre. On peut, à ce moment, rendre visible leur enveloppe, devenue hyaline, par l'addition d'une goutte de teinture d'iode. Si la quantité d'eau ajoutée est plus considérable, les hématies se détériorent très-rapidement et se dissolvent en totalité. La liqueur présente encore la même coloration, et, si l'épaisseur est suffisante, elle devient rouge et offre exactement la couleur du sang.

Nous avons vu, d'autre part, que les spectres d'absorption que nous avons obtenus n'ont pas changé lorsque, au lieu de sang pur, nous avons pris des solutions sanguines étendues. De ces faits je conclus que l'eau dissout la cruorine sans l'altérer, et que, par conséquent, ces spectres sont caractéristiques de la cruorine. Les différences que nous avons constatées entre les spectres du sang artériel et du sang veineux porteraient même à croire que la cruorine subit de l'un à l'autre une certaine transformation, et se présente sous deux états différents. C'est une question que nous allons maintenant examiner, et les lumières que nous emprunterons à l'analyse spectroscopique vont peut-être nous aider à la résoudre.

On connaît cette hypothèse qui, pour expliquer la différence de coloration du sang dans les veines et dans les artères, imagine, non une modification dans la matière colorante, mais un simple changement de forme des

hématies. Le sang paraît clair lorsque, par leur contrac-
tion, les globules présentent deux faces ressemblant à
des miroirs concaves; il paraît au contraire plus coloré quand les globules, gonflés par endosmose et ressemblant à des miroirs convexes, diffusent davantage la lumière
dans la masse liquide. Ce n'est pas tout : l'épaisseur de
la membrane enveloppante a aussi son influence. Si les
globules sont presque vides, la membrane est plus épaisse ;
s'ils sont gonflés, elle est plus mince et par suite la matière
colorante intérieure apparaît avec sa couleur propre, d'un
rouge foncé. Ces explications, qui satisfont assez mal l'esprit
d'un physicien et auxquelles il y aurait plus d'une objection
à opposer, me paraissent plus ingénieuses que vraies. En
effet, j'ai pu produire sans aucune difficulté les alternatives de coloration qui signalent le passage du sang de l'état
artériel à l'état veineux, et réciproquement, dans des solutions très-étendues, conservées depuis plusieurs jours, et
dans lesquelles, par conséquent, les globules devaient se
trouver singulièrement détériorés. Lehmann a fait la même
observation. D'ailleurs les changements qui peuvent se
manifester dans le sang, sous l'influence de substances
qui n'exercent pas sur lui d'action chimique et n'agissent
qu'en enlevant de l'eau aux hématies, comme les dissolutions alcalines, l'eau sucrée, etc., me paraissent devoir
se rapporter à l'intensité bien plutôt qu'à la teinte. Mais
si dans quelques cas on a vu la déformation des globules
produite par certains réactifs s'accompagner d'un véritable changement de couleur, il faut croire que ce n'étaient
là que des phénomènes concomitants ; et considérer l'un
comme la cause de l'autre serait, à mes yeux, tomber dans
le vice de raisonnement que les anciens logiciens désignaient
par ces mots : *Cum hoc, ergo propter hoc.*   5

Dans une seconde manière de voir, les changements de couleur sont dus à une modification de la substance colorante elle-même. Ces changements se produisent en effet, d'une part, au moment où l'oxygène de l'air, mis au contact du sang dans le poumon, est absorbé par les hématies, et contracte très-probablement une combinaison peu stable avec la matière qui les constitue ; d'autre part lorsque ces mêmes globules, arrivés dans les capillaires. cédent leur oxygène pour fournir à la respiration intime des tissus, qui rendent en échange au sang une quantité d'acide carbonique proportionnelle. N'est-il pas logique de conclure que, sous l'influence de l'oxygène, la cruorine éprouve une transformation qui se trahit à nos yeux par un changement de couleur, pour revenir à son état primitif aussitôt que l'oxygène lui est enlevé? Et, allant un peu plus loin, n'est-il pas permis de supposer que c'est cette matière colorante elle-même qui est à la fois le siége et l'instrument des modifications que subit le sang lorsqu'il passe de l'état artériel à l'état veineux? Telle est la question qu'on s'est posée; et, comme il n'y a point de limites au domaine des hypothèses, on s'est même demandé si, dans tous ces phénomènes, le fer de la cruorine ne jouerait pas le rôle prépondérant, si, par exemple, il ne se trouverait pas à l'état de protoxyde dans le sang veineux, et de peroxyde dans le sang artériel. Laissons de côté ce second desideratum, sur lequel la science de nos jours n'est pas prête à donner satisfaction à notre curiosité, et. puisque les diverses matières colorantes se caractérisent par des spectres particuliers, cherchons si la spectrométrie ne pourrait pas nous aider à donner à la première question une réponse décidément affirmative.

Le changement de coloration que le sang éprouve dans les poumons est, disons-nous, l'effet d'une *oxydation* de sa matière colorante ; celui qu'il subit dans la circulation générale, et notamment dans les vaisseaux capillaires, est l'effet d'une *réduction*. S'il en est ainsi, le spectre donné par le sang artériel est caractéristique de la *cruorine oxygénée*. Nous allons donc soumettre cette cruorine oxygénée à l'action des agents réducteurs que la chimie met à notre disposition ; ensuite, après examen des phénomènes spectroscopiques qu'elle nous présentera, nous comparerons ces phénomènes à ceux que nous avons déjà observés dans le sang veineux, et nous essaierons de trouver le lien qui peut les unir les uns aux autres.

Les sels de protoxyde de fer ont une tendance marquée à passer à l'état de sels de sesquioxyde, en s'emparant de l'oxygène contenu dans les substances avec lesquelles ils sont en contact. On pourrait donc les employer ici; mais il se présente une difficulté. Mis en présence d'une base, ces sels précipitent: or le sang est alcalin, et on ne peut songer à l'acidifier, car nous verrons bientôt que les acides décomposent et transforment sa matière colorante. Il faut donc chercher des agents réducteurs qui soient compatibles avec une solution alcaline. On y parvient de la manière suivante. La présence de l'acide tartrique a la propriété de masquer les réactions des sels de fer, de telle sorte que si on commence par ajouter à une dissolution de sulfate de protoxyde de fer une certaine quantité d'acide tartrique, on pourra ensuite neutraliser cet acide et même rendre la dissolution alcaline par de l'ammoniaque ou un carbonate alcalin, sans produire de précipitation. On obtiendra ainsi un agent désoxygénant qui satisfera à la condition demandée.

Si on jette quelques gouttes du réactif dont je viens de donner la formule dans une solution de sang artériel, on voit celle-ci changer presque instantanément de couleur. En couche épaisse, elle prend une coloration rouge brunâtre très-foncée ; sous une petite épaisseur, elle paraît rouge pourpre ; sous une épaisseur moindre encore, elle présente une teinte verte bien prononcée. Au même instant, les caractères optiques subissent une transformation complète. Les deux bandes caractéristiques disparaissent, et, en échange, le spectre d'absorption présente une bande unique, large, mal limitée sur ses bords, et dont la partie centrale correspond très-sensiblement à l'intervalle clair qui séparait les deux bandes primitives. En même temps, les radiations les moins réfrangibles s'absorbent, et l'extrémité rouge paraît un peu assombrie. Pour les vibrations rapides, au contraire, le liquide est devenu plus transparent ; l'ombre qui couvrait l'extrémité la plus déviée du spectre recule vers le violet, et, si l'on fait croître graduellement l'épaisseur, on peut constater que les derniers rayons qui traversent avant les rayons rouges appartiennent, non plus au vert comme d'abord, mais au bleu (*Pl.* II, 16).

Ce nouveau spectre se représente symboliquement de la manière suivante :

$$- . 32 \quad 55 . . . 59 - + 66 = 80 + . 85 \quad 110 . - + - 140 =$$

On peut voir, *Pl.* IV, *fig.* 2. la courbe qui lui correspond.

Si, dans la solution transformée par le sel de fer, on fait passer de l'oxygène, ou si on l'agite simplement au contact de l'air, on la voit reprendre sa coloration rutilante, et en même temps ses propriétés optiques primitives. La même transformation s'opère, mais plus lentement et en commençant par la surface, lorsqu'on la laisse immobile, exposée à l'air : si on l'examine au spectroscope dans cet état, on observe à la fois le spectre caractéristique du sang artériel et le second spectre que je viens de décrire. Ils sont placés l'un au-dessus de l'autre dans le champ de la lunette, sans ligne de démarcation bien tranchée, et l'ensemble des deux images forme, au niveau des bandes d'absorption, une sorte d'U renversé.

Lorsque la liqueur, primitivement traitée par le sel de fer, est redevenue vermeille par son contact avec l'oxygène, on lui donne de nouveau une couleur purpurine, en ajoutant une nouvelle quantité de réactif. On peut ainsi lui faire subir alternativement un nombre indéfini de fois cette double transformation. Cependant comme la liqueur s'étend de plus en plus, elle perd peu à peu sa coloration, et ses caractères optiques s'effacent graduellement.

Avant de tirer des conclusions de l'expérience précédente, demandons-nous si elle ne présente pas des causes d'erreur qui pourraient nous conduire à des déductions mal fondées.

Remarquons d'abord que le sel de fer n'est pas incolore. Toutefois, si nous le soumettons isolément à l'expérience, nous voyons qu'il ne produit qu'une absorption très-faible, exercée particulièrement sur les radiations les plus réfrangibles, et sensiblement négligeable à côté de celle qui est due au sang lui-même. D'ailleurs, si ce réactif n'agissait sur le spectre que par sa présence et en vertu de la coloration verdâtre qu'il possède, il produirait une nouvelle absorption, qui s'ajouterait à la première et éteindrait de nouvelles portions du spectre. Tel n'est pas le cas, puisque nous avons vu au contraire que la seconde solution est plus transparente que la liqueur primitive.

Nous sommes donc forcé de croire que le sel de fer agit sur la cruorine et produit en elle une transformation. Mais est-il bien prouvé que ce soit là une réduction, et le changement de couleur, aussi bien que celui des caractères spectroscopiques, ne serait-il pas dû à la formation d'une combinaison quelconque entre le réactif et la matière colorante? Pour répondre à cette question, interrogeons encore l'expérience.

Remplaçons le sulfate de fer par un autre agent réducteur, le protochlorure d'étain par exemple ; nous voyons se produire exactement les mêmes phénomènes. La transformation est seulement un peu lente, et exige quelques minutes à la température ordinaire ; mais si on la favorise par l'action d'une douce chaleur, elle s'effectue instantanément, comme avec le sel de fer, La solution stannique présente même sur cette dernière l'avantage d'être complètement incolore, soit avant, soit après l'oxydation, de laisser par conséquent aux solutions sanguines leurs véritables teintes, et de n'influencer à aucun degré les résultats observés.

Le sulfhydrate d'ammoniaque, qui est aussi un agent réducteur, conduit à des résultats à peu près semblables. Le changement de couleur est toujours le même. Quant au spectre d'absorption donné par le sang sous l'influence de ce réactif, on voit (*Pl.* II, 17), qu'il ne diffère du précédent que par l'existence d'une bande étroite et peu intense dans le rouge. Ce fait semble prouver qu'à part le phénomène de réduction, il y a une modification différente éprouvée par une certaine partie de la matière colorante, et naissance d'un produit de décomposition inconnu.

De ces expériences, nous conclurons, avec Stokes, que la cruorine, ou matière colorante normale du sang, est susceptible de se présenter sous deux états différents d'oxydation, caractérisés chacun par une coloration spéciale et par un spectre d'absorption particulier. Elle peut passer facilement du degré d'oxydation supérieur au degré inférieur, sous l'action des agents réducteurs, et revenir ensuite à l'état de suroxydation par une simple absorption de l'oxygène de l'air. La cruorine oxydée est vermeille, et rose jaunâtre sous une petite épaisseur ; la cruorine réduite est brune, rouge pourpre sous une épaisseur moindre, et devient verte si on la regarde en couche très-mince.

Lorsqu'on agite, au contact de l'air, une solution sanguine réduite par le sel d'étain, elle reprend immédiatement sa teinte primitive, et donne de nouveau les bandes caractéristiques de la cruorine rouge ou oxygénée. Mais si on la laisse ensuite reposer quelques minutes, une nouvelle réduction se produit, et la cruorine devient brune. On peut faire passer et repasser la liqueur un grand nombre de fois par ces états successifs. Ce fait prouve que la matière colorante réduite s'empare de l'oxygène libre avec une très-grande avidité, mais qu'elle le retient faiblement, puisque la solution d'étain le lui enlève chaque fois. Ce n'est que lorsque le sel stanneux est lui-même complètement oxygéné, qu'à son tour la cruorine conserve d'une manière définitive son état d'oxydation supérieur.

Enfin, si on conserve quelque temps du sang normal ou une solution sanguine étendue dans un flacon fermé, on constate qu'elle passe spontanément du rouge clair au rouge foncé, et si on la soumet alors à l'examen spectroscopique, en prenant des précautions pour éviter le contact de l'air, on voit qu'elle donne le spectre caractéristique de la cruorine brune ou désoxygénée. Il existe donc dans le sang ou dans les produits de décomposition qui en dérivent, certaines substances capables de s'oxyder aux dépens de la cruorine, et de la réduire. Il suffit, du reste, de l'agiter au contact de l'air, pour voir la solution reprendre instantanément tous les caractères de la cruorine rouge.

Il est donc prouvé que le sang renferme une substance susceptible d'oxydation et de réduction. Nous pouvons maintenant revenir à la question que nous nous posions tout à l'heure, et essayer de pénétrer la nature, l'essence même du phénomène qui, dans l'économie vivante, transforme le sang artériel en sang veineux. Si ce phénomène est bien, en effet, une réduction, nous allons retrouver dans le sang veineux des caractères qui nous permettront de reconnaître la cruorine réduite.

Pour ce qui est des phénomènes de coloration, il serait difficile de ne pas être frappé de l'extrême analogie qu'ils présentent dans le sang veineux et dans les solutions de cruorine désoxydée: non-seulement, en effet, le sang veineux offre, sous des épaisseurs suffisantes, la teinte rouge brune qui appartient à cette cruorine, mais encore, lorsqu'on le regarde en couche très-mince, il change très-visiblement comme elle de couleur, et prend une nuance verdâtre. Ce dichroïsme du sang veineux, facile à constater du reste, a été signalé par Brücke, qui l'a observé le premier [1], et c'est un des caractères extérieurs qui le distinguent le plus nettement du sang artériel.

Passons aux phénomènes spectroscopiques. Je rappelle que le spectre du sang veineux diffère de celui du sang artériel : 1° par une absorption de l'extrême rouge, 2° par un obscurcissement de l'intervalle qui sépare les deux bandes, 3° par une transparence plus grande pour les rayons bleus. Si on réfléchit que ces caractères rapprochent ce spectre de celui de la cruorine brune, de sorte qu'on pourrait le considérer comme formé par la combinaison ou la superposition des spectres des deux formes de la cruorine, ne sera-t-on pas porté à croire que le sang veineux contient, en effet, de la cruorine réduite, mélangée dans une

---

[1] Brücke ; *Wiener Sitzungsberichte*, X, 1070, et XIII. 485. — Voyez aussi *Pogg. Ann.*, 1855, XCIV, 426.

certaine proportion à la cruorine oxygénée? Ce fait ne paraîtra-t-il pas extrêmement probable, si l'on songe que la transformation du sang artériel est certainement incomplète dans le système capillaire. comme le prouve la présence d'une quantité notable, bien qu'un peu moindre. d'oxygène dans le sang veineux? Enfin, n'entraînerai-je pas la conviction dans l'esprit du lecteur, si j'ajoute que j'ai pu, en introduisant successivement goutte à goutte l'agent réducteur dans la solution sanguine, non pas seulement reproduire exactement le spectre du sang veineux, mais encore affaiblir par degrés les caractères du spectre primitif, en faisant croître en rapport inverse ceux du second, et passer ainsi par tous les intermédiaires possibles entre le spectre de la cruorine oxydée et celui de la cruorine réduite?

Quel rôle joue l'acide carbonique dans ces transformations? Est-ce lui qui. rencontré par le globule dans les vaisseaux capillaires. provoque, par un mode d'action à nous inconnu, l'expulsion de l'oxygène qui peut ensuite se porter sur les tissus? Ou bien ne seraient-ce pas plutôt ces tissus eux-mêmes qui seraient les agents de la réduction. s'empareraient de l'oxygène, et, en échange, se dégorgeraient en quelque sorte de l'acide carbonique provenant des combustions antérieures, et le rendraient ainsi, non au globule, mais au plasma? En un mot. l'acide carbonique est-il actif ou passif? est-il cause ou résultat?

La seconde hypothèse satisferait mieux l'esprit; on ne voit pas trop, en effet, comment l'acide carbonique peut être un agent de réduction. Elle s'accorderait, de plus, avec ce fait bien connu. que l'acide carbonique a une affinité plus grande, sinon exclusive, pour la partie liquide du sang.

Cependant l'expérience paraît prouver d'une manière péremptoire que l'acide carbonique, et même avec lui plusieurs gaz indifférents, tels que l'hydrogène et l'azote, peuvent chasser l'oxygène de la combinaison qu'il forme avec la cruorine. Il est inutile d'insister sur des faits aussi connus ; mais, ce qu'on peut affirmer, c'est que, dans tous ces cas, la transformation subie par la matière colorante est toujours la même, car elle se traduit par les mêmes phénomènes optiques. C'est ainsi qu'en examinant des solutions sanguines dans lesquelles j'avais fait passer un courant d'acide carbonique, j'ai vu des spectres dont les caractères ressemblaient beaucoup à ceux du sang veineux. et qui pouvaient même se rapprocher bien plus que celui-ci du spectre de la cruorine brune. En général, la transformation m'a paru d'autant plus profonde que l'action avait été plus prolongée, et aussi que le sang était moins étendu d'eau[1]. Stokes affirme même avoir vu du sang pur défibriné, traité par l'acide carbonique, donner exactement le spectre de la cruorine réduite. ce qui ne m'est jamais arrivé, non plus qu'à Valentin.

Ces faits prouvent que l'acide carbonique peut agir sur la matière colorante du sang exactement comme le ferait un agent réducteur ; il est donc permis d'avoir des doutes sur le rôle exact qu'il joue dans le système capillaire. Mais, quoi qu'il en soit, un fait ressort de cette étude ; c'est

---

[1] L'acide carbonique est notablement plus soluble dans le sérum que dans l'eau : l'eau eu dissout 1 vol. et le sérum 1 vol. 1/2.

que les phénomènes qui caractérisent le passage du sang
de l'état veineux à l'état artériel, et réciproquement,
consistent sans aucun doute dans une oxydation et dans
une réduction alternatives de la matière colorante. On
comprend dès-lors le rôle immense que cette matière, vé-
hicule chargé de transporter l'oxygène depuis le poumon
jusqu'aux éléments microscopiques des tissus, joue dans
l'entretien de la vie, et on conçoit l'intérêt qui pourrait
s'attacher à la connaissance de sa vraie nature sous les
deux formes qu'elle présente.

Nous venons de voir quels services on est en droit d'at-
tendre de la spectrométrie pour l'élucidation de certains
problèmes de physiologie. Poursuivons, et essayons de
déterminer, à l'aide de la même méthode, la nature des
modifications que subit la matière colorante du sang, lorsqu'elle est soumise à certaines influences.

Lorsqu'on élève la température d'une solution sanguine.
la cruorine se coagule vers 75°. en même temps que les
autres matières albuminoïdes avec lesquelles elle peut se
trouver unie; la liqueur se décolore, devient grisâtre et
dépose des flocons. Si on redissout ensuite ces flocons au
moyen d'un peu de potasse, on obtient une solution qui
présente une teinte verte, vue par réflexion, et rosée ou
rougeâtre, par réfraction. On sait que cette double coloration est considérée, en médecine légale, comme un indice
certain de la présence du sang. Examinée au spectroscope,
cette solution ne présente plus aucune bande caractéristique, mais seulement une absorption générale qui croit du
rouge au violet. Ce n'est donc plus la matière colorante
du sang, mais un produit de transformation.

La congélation, au contraire, n'altère pas la cruorine. Le sang peut être gelé, puis dégelé, sans que ses caractères optiques se modifient. Valentin a fait subir cette opération à du sang très-ancien (quatre ans), en le soumettant à un froid de—13°,8 C.; et, des résultats qu'il a obtenus, on pourrait même conclure que la congélation rend à ces caractères une partie de l'intensité qu'ils perdent peu à peu par la putréfaction.

J'ai déjà dit que la dessiccation n'altère pas la cruorine, puisqu'on retrouve les bandes d'absorption caractéristiques dans des taches de sang desséché sur du verre. Cependant, lorsqu'elle se produit dans certaines conditions, elle s'accompagne de phénomènes qui peuvent avoir une influence, de sorte que le spectre des taches est quelquefois différent. Je reviendrai bientôt sur ce point.

Passons à l'action de divers réactifs.

Nous avons déjà vu comment se comportent l'acide carbonique, l'hydrogène, l'azote. L'oxyde de carbone, le protoxyde d'azote, ne produisent aucun changement.

On peut en dire autant pour les sels alcalins et l'ammoniaque. Les alcalis caustiques fixes agissent au contraire sur la matière colorante, mais avec lenteur, et le produit de la transformation est l'hématosine, que l'on reconnaît aisément à ses caractères optiques particuliers.

L'hématosine, que les auteurs allemands et anglais appellent *hématine* [1], est cette matière brune, à reflet métallique, amorphe, sans odeur ni saveur, que l'on extrait artificiellement du sang coagulé par l'acide sulfurique. Le coagulum, épuisé par l'alcool, donne une liqueur rouge, que l'on évapore; on reprend ensuite à plusieurs reprises le résidu par l'alcool et l'éther, et enfin par l'ammoniaque. L'hématosine ainsi obtenue est insoluble, soit à chaud, soit à froid, dans l'eau, l'alcool, l'éther, les huiles grasses ou volatiles; la potasse, la soude, l'ammoniaque, les carbonates alcalins, la dissolvent, au contraire, en prenant une coloration rouge de sang foncée. L'alcool et l'éther ammoniacal la dissolvent également.

Si l'on examine au spectroscope une de ces dissolutions d'hématosine, ou tout simplement si l'on traite une solution sanguine par de l'alcool ammoniacal, on voit se produire immédiatement un nouveau spectre d'absorption, qui diffère complètement de ceux de la cruorine. Il se caractérise par une bande unique, ou très-obscurément divisée en deux parties, dont le centre coïncide sensiblement avec la raie D. Cette bande, qui présente des limites très-indécises, est, comme on le voit, moins réfrangible que celles qui appartiennent à la cruorine. En même temps, les rayons bleus et violets sont éteints. Stokes a remarqué que le partage de la bande ne se fait pas toujours au même point; un excès d'alcool paraîtrait, d'après lui, ajouter à la première partie en prenant à la seconde; un excès d'alcali produirait l'effet inverse.

---

[1] La première dénomination est préférable, car depuis longtemps le terme *hématine* a une autre signification et sert à désigner la matière colorante rouge du bois de campêche, *Hæmatoxylon campechianum*.

Ce n'est pas tout : l'hématosine, comme la cruorine, est susceptible de se présenter sous deux états d'oxydation différents ; car si on traite la dissolution précédente par l'un des agents réducteurs cités plus haut, on voit le spectre se modifier, et présenter deux bandes d'absorption très-distinctes, plus réfrangibles l'une et l'autre que celles de la cruorine rouge, puisqu'elles occupent, l'une sensiblement le milieu de l'espace qui sépare D de E, et l'autre l'intervalle de E à *b*. Elles s'en distinguent aussi nettement par leur largeur relative : c'est, en effet, cette fois à la première qu'appartient la supériorité à ce point de vue. Sorby a retrouvé ces bandes sur de l'hématosine désoxydée extraite d'une tache de sang de deux ans de date[1].

Il y a donc aussi deux hématosines : l'hématosine oxydée, qui paraît un peu plus foncée et qui est dichroïque, et l'hématosine réduite ou rouge. C'est évidemment l'hématosine brune qui est l'hématosine des chimistes.

Une remarque assez importante à faire est la suivante. Pour obtenir les spectres de l'hématosine d'une manière distincte, il est nécessaire de prendre des solutions assez concentrées ; il faut plus de matière colorante, et le procédé a par conséquent moins de sensibilité que pour la cruorine. Par exemple, une liqueur qui donne très-nettement les bandes de cette dernière substance, devient presque tout à fait transparente aussitôt qu'on y introduit un peu d'alcool ammoniacal.

---

[1] Sorby : *Proceed.*, loc. cit., 438.

On peut voir (*Pl.* II, 19 et 20, les deux spectres caractéristiques de l'hématosine.

Les acides produisent dans les caractères optiques du sang une modification très-remarquable. Mettons de côté ceux qui, comme les acides sulfurique, azotique, chlorhydrique, chromique, précipitent le sang, et ne nous occupons que de ceux que nous pouvons y mélanger sans produire de précipité. La plupart des acides organiques satisfont à cette condition.

Il y a quelques années, Teichmann [1] observa qu'en faisant agir sur le sang divers acides organiques (acétique, lactique, oxalique, tartrique et citrique), il produisait, sur la platine de son microscope, des cristaux brunâtres, de forme rhomboédrique ou prismatique très-allongée. Il les considéra comme constitués par un produit de transformation de la matière colorante du sang, produit auquel il donna le nom d'*hémine*.

Or, si on traite une solution sanguine par l'un quelconque des acides que je viens de nommer, la couleur passe au rouge brun, et en même temps on voit une modification profonde se produire dans le spectre d'absorption. Les deux bandes primitives disparaissent complètement, et on en remarque une nouvelle, étroite et assez peu intense, dont le milieu correspond à peu près à la raie C. En outre, l'absorption, dans l'extrémité la plus réfrangible, recule beaucoup vers le violet.

On sait que la réaction signalée par Teichmann est remar-

---

[1] Henle et Pfeufer: *Zeitschrift für rationelle Medizin*, 1853, III. 375.

quablement fidèle et sûre, qu'elle s'effectue, non-seulement dans le sang normal, mais encore dans le sang desséché et même putréfié; enfin, qu'on la considère aujourd'hui, en médecine légale, comme un des moyens les plus certains de reconnaître une tache de sang[1]. Si je fais remarquer que la transformation du spectre et l'apparition de la nouvelle bande d'absorption dans le rouge peuvent se produire exactement dans les mêmes conditions, on devra conclure que ces phénomènes ont un rapport intime l'un avec l'autre. Aussi, contrairement à l'opinion de Stokes[2]. et conformément à celle de Valentin, je crois que ce dernier spectre peut être considéré comme caractéristique de l'hémine.

Un fait remarquable, c'est qu'on obtient le spectre de l'hémine lorsqu'on fait agir un acide sur une solution sanguine déjà traitée par de l'alcool ammoniacal ; il en résulterait que l'hémine peut dériver, sous l'influence des acides, de l'hématosine aussi bien que de la cruorine.

La nature de l'acide employé paraît avoir une très-légère influence sur la position occupée par la bande dans la partie rouge du spectre. C'est ainsi que l'acide tartrique la dévierait un peu vers la gauche, tandis que l'acide ci-

---

[1] Voyez Blondlot; Constatation médico-légale des taches de sang, par la formation des cristaux d'hémine.(*Annales d'hygiène et de médec. légale*, XXIX, janvier 1868.)

[2] Stokes, qui ne connaissait peut-être pas la découverte de Teichmann, admet que ce spectre est dû à de l'hématosine en dissolution dans les acides ; ce n'est toutefois qu'avec doute et en faisant des réserves qu'il émet cette opinion. (Voy. *loc. cit.*, 560.)

trique la rapprocherait un peu du jaune. Toutefois, ces différences sont extrêmement faibles, et ne changent absolument rien à la valeur caractéristique de ce spectre.

La bande paraît plus intense lorsqu'on fait agir l'acide à chaud.

Enfin, j'ajouterai que les acides qui précipitent le sang produisent aussi la même transformation, pourvu qu'on les emploie en très-petite quantité. On peut facilement vérifier le fait en particulier pour l'acide chromique, et constater, après avoir filtré la liqueur, qu'elle présente tous les caractères optiques de la dissolution d'hémine, légèrement modifiés cependant par la coloration jaune de l'acide chromique lui-même.

Si, au lieu d'employer simplement un acide, on traite le sang par un mélange d'éther ou d'alcool avec de l'acide acétique, par exemple, le spectre produit est plus compliqué. On remarque, non-seulement la bande dans le rouge que je viens de signaler, mais encore deux autres bandes dans le vert, qui ne se superposent ni à celles de la cruorine rouge, ni à celles de l'hématosine réduite. Lorsque la solution est suffisamment concentrée, la première bande est bien marquée, et toute la partie la plus réfrangible à partir du vert est couverte d'ombre; mais si on étend la liqueur, ou, ce qui revient au même, si on la regarde sous des épaisseurs moindres, on voit peu à peu se dessiner dans cette ombre, à mesure qu'elle s'éclaircit, les deux bandes dont je parle, et en même temps la bande dans le rouge diminue d'intensité et tend à s'effacer. Il en résulte qu'on ne peut jamais voir nettement les trois bandes simultanément; le spectre passe par les phases représentées *Pl.* II, 14 et 15.

En examinant avec beaucoup d'attention le spectre produit par l'addition d'un acide dans le sang, il m'a semblé apercevoir quelquefois des traces de ces bandes supplémentaires. On pourrait donc croire qu'elles appartiennent aussi au spectre de l'hémine, et que c'est l'influence du dissolvant qui les rend plus ou moins apparentes.

Lorsque le sang a été traité par un acide, la neutralisation de cet acide par l'ammoniaque ou un carbonate alcalin détruit le spectre d'hémine, mais ne fait jamais reparaître les bandes d'absorption primitive.

Les faits qui précèdent n'expliquent-ils pas pourquoi l'alcalinité du sang est une condition essentielle de son fonctionnement? Jamais, en effet, on n'a vu ce liquide présenter une réaction acide, et les essais qu'on a tentés pour la lui donner par des injections directes sont demeurés infructueux, la vie cessant bien longtemps avant qu'on ait pu atteindre ce résultat.

Hoppe avait déjà remarqué que le sang traité par l'hydrogène sulfuré présente un spectre particulier[1]. En effet, si on fait passer une quantité suffisante de ce gaz à travers une solution sanguine, on la voit d'abord changer de couleur, et prendre une teinte d'un vert livide, qui devient noire sous une grande épaisseur. Examinée au

---

[1] Hoppe, *loc. cit.*, 448.

spectroscope, elle donne, à part les deux bandes normales qui apparaissent encore, quoiqu'un peu affaiblies et indécises, une troisième bande dans le rouge, entre C et D, mais plus près de C, très-foncée et parfaitement caractéristique. En outre, l'absorption augmente pour le bleu et le vert, de telle sorte que la troisième bande est suivie par une ombre, de laquelle il est quelquefois très-malaisé de la distinguer (*Pl.* II, 18).

Il serait difficile de dire à quel composé de la matière colorante peut correspondre ce nouveau spectre ; mais il présente une grande importance, car nous verrons que certaines taches de sang donnent des solutions colorées qui ont exactement ces mêmes caractères optiques.

On sait que l'alcool coagule la substance albuminoïde du sang. Ce changement ne s'accompagne probablement pas d'une altération de la matière colorante, car Valentin a vu les bandes caractéristiques dans de l'alcool qui avait servi à la conservation de préparations anatomiques. Dans ce cas, cette matière n'était évidemment pas dissoute, car lorsque les globules rose pâle, en suspension dans le liquide, étaient en repos au fond du vase, les bandes disparaissaient, bien que le liquide conservât encore une légère teinte jaunâtre [1].

L'éther, le chloroforme, le sulfure de carbone, les dissolutions des sels alcalins et des sels neutres en général, ne modifient en rien l'apparence des spectres du sang.

Pour résumer en quelques mots les faits qui précèdent, nous dirons que la matière colorante du sang peut, suivant

---

[1] Valentin, *loc. cit.*, 179.

les conditions dans lesquelles on la place et la nature des influences auxquelles on la soumet, présenter à l'observation huit spectres distincts, présentant chacun des caractères bien tranchés et parfaitement reconnaissables.

Cruorine rouge, ou oxydée.
— brune, ou réduite.
Hématosine brune, ou oxydée.
— rouge, ou réduite.
Hémine.
Sang traité par le sulfhydr. d'ammoniaque. *Spectres dont l'origine*
— par l'éther acidifié........... *est inconnue.*
— par l'hydrogène sulfuré......

Il serait curieux d'ajouter à ces résultats ceux qu'on pourrait obtenir avec les diverses substances colorantes ou colorées qu'on a extraites du sang, et ces études seraient sans doute utiles pour aider à déterminer leur origine et leur nature vraie. Parmi ces substances, la plus intéressante serait certainement l'*hématoïdine*, ce produit cristallin que Virchow a trouvé spontanément formé dans les extravasations, les épanchements sanguins, les foyers apoplectiques, en un mot partout où le sang sorti de ses vaisseaux est resté quelque temps en stagnation au contact des tissus; qui reste éternellement dans une cicatrice et lui donne sa couleur, et que Robin considère comme de l'hématosine dans laquelle un équivalent d'eau aurait remplacé un équivalent de fer. On sait que cette matière paraît présenter certaines analogies avec la cholépyrrhine, matière colorante de la bile; le spectroscope pourrait peut-être indiquer jusqu'où va la ressemblance, et. en permettant de connaître plus exactement ces deux substances, de vider la question controversée de l'origine de la matière colorante de la bile.

Pour montrer comment le spectroscope peut aider à résoudre des problèmes chimiques comme ceux que je propose ici, qu'il me soit permis de prendre, en terminant, un exemple dans un ordre d'idées tout à fait différent. Je l'emprunte au domaine de la chimie inorganique.

« Il y a quelques années, M. Mosander avait indiqué l'existence dans la gadolinite d'un métal auquel il avait donné le nom de *terbium*. Lorsqu'on cherche à séparer l'yttria des autres oxydes contenus dans ce minéral, on obtient un précipité qui contient, à part cette terre, de l'erbine, de la terbine, et un peu d'oxyde de didymium; deux de ces bases, l'erbine et l'oxyde de didymium, donnent des spectres d'absorption discontinus. En se guidant sur les phénomènes d'absorption présentés par ces terres, MM. Bahr et Bunsen ont pu d'abord se débarrasser du didymium, puis préparer de l'erbine pure, enfin arriver à cette conclusion, que ce que M. Mosander et M. Delafontaine, après lui, avaient pris pour de la terbine n'est en réalité qu'un mélange d'erbine et d'yttria [1]. »

Appliquons la même méthode à la recherche des matières colorantes du sang; joignons à l'étude des phénomènes spectroscopiques, qui, par leur constance, par leur spécificité, nous permettront de reconnaître une substance, de la poursuivre sans jamais la perdre de vue, la pratique sévère de l'analyse chimique, qui nous apprendra la composition de cette substance et ses propriétés ; et je ne doute pas que l'histoire encore si obscure de ces matières colorantes ne fasse des progrès, dont l'importance, au point de vue de la physiologie, ne saurait être contestée.

[1] Diacon ; *Décomp. de la lum.*, 127.

VI

APPLICATIONS.

Je crois avoir montré que les recherches spectroscopiques peuvent aider puissamment à élucider certains problèmes de la physiologie. Je ne doute pas que les substances colorantes de la bile et de l'urine, aussi bien que la substance mélanique qui constitue le pigment, ne pussent fournir la matière d'études intéressantes. Pour ne pas sortir du sujet qui nous occupe, je signalerai seulement une application, qui serait facilement réalisable, des résultats auxquels ces travaux ont conduit pour le sang : c'est celle qui consisterait à se servir des phénomènes spectroscopiques pour déterminer la quantité de sang contenue à un moment donné dans le corps d'un animal.

Welcker a proposé de résoudre cette question par un procédé chromométrique. A cet effet, il commence par pratiquer sur un animal une petite saignée ; puis, en injectant de l'eau dans les vaisseaux, il en chasse tout le le liquide sanguin qui y est contenu ; enfin, le peu de sang qui pourrait rester dans les tissus est recueilli dans de l'eau, où il fait macérer le corps entier de l'animal préalablement haché en petits morceaux. Cette opération donne une solution sanguine plus ou moins étendue, dont il mesure le volume. Enfin, ajoutant de l'eau au sang de la saignée jusqu'à ce qu'il présente la même intensité de coloration que cette solution, il détermine, par un calcul très-simple, la quantité totale de sang que possédait l'animal.

Le seul point délicat de la mise en pratique de cette méthode est l'appréciation de la teinte de la liqueur sanguine ; l'incertitude à cet égard est assez grande pour pouvoir causer des erreurs considérables dans les résultats. Aussi vaudrait-il mieux remplacer cette partie de l'opération par l'examen des spectres d'absorption. Si on songe, en effet, qu'une goutte de sang en plus ou moins dans 100^{cc} d'eau se trahit manifestement au spectroscope, on comprendra que ce serait substituer à un moyen incertain et infidèle un procédé sûr et rigoureux, et qu'on pourrait ainsi apporter une précision nouvelle dans l'étude d'une question sur laquelle on ne possède encore aujourd'hui que des données fort incomplètes.

Ne pourrait-on pas aussi appliquer les procédés spectroscopiques à la comparaison des sangs de l'artère et de la veine spléniques, et en tirer peut-être quelque lumière pour l'histoire encore obscure des fonctions de la rate?

Appliquée à certains cas pathologiques, la spectroscopie du sang fournirait peut-être des données curieuses, par exemple dans l'ictère, dans les affections typhoïques, où le sang prend une coloration noirâtre toute particulière, ou encore dans la mélanémie, cette dyscrasie rare et singulière, caractérisée par la présence d'éléments colorés dans le sang.

Mais c'est en médecine légale que les études spectroscopiques sur le sang ont paru, dès l'origine, devoir trouver
leur plus importante application. Il nous reste à examiner
si elles ont réellement une valeur à ce point de vue, et si
le médecin légiste peut en tirer parti pour la résolution
des problèmes sur lesquels il est appelé à se prononcer.
Cette question est assez importante pour valoir la peine
d'un sérieux examen. C'est par là que nous terminerons.

Remarquons d'abord que les médecins experts se trou-
vent presque toujours, non en présence de sang liquide,
mais en présence de *taches*, portées par des vêtements,
des meubles, par la lame d'un couteau ou un autre instrument vulnérant quelconque. Ces taches peuvent être
petites et d'origine plus ou moins ancienne. En les soumettant à l'examen de l'expert, le magistrat lui demande
de se prononcer nettement sur les deux chefs suivants :

1° Les taches observées ont-elles été produites par du
sang ?

2° Dans le cas de l'affirmative, le sang est-il du sang
humain ?

Mettons tout d'abord de côté cette seconde question,
pour la résolution de laquelle notre méthode ne peut évidemment fournir aucune lumière. Nous avons vu que le
sang de tous les animaux présente à l'analyse spectroscopique des caractères identiques : et, puisque le sang
humain ne se spécifie que par la forme et la dimension de
ses globules, rien ici ne remplacera le microscope, qui
peut permettre de donner, jamais une réponse affirmative,
mais au moins, dans certains cas, une réponse négative.

Quant à la première question, il faut, pour voir si la spectroscopie peut aider à la résoudre, examiner les points suivants :

Les caractères optiques du sang se conservent-ils dans les taches?

Persistent-ils longtemps ?

La sensibilité de la méthode est-elle suffisante pour permettre de reconnaître de petites quantités de sang?

Dans le cas où l'on obtiendrait des résultats positifs, n'y aurait-il pas erreur possible, et n'est-on pas exposé à attribuer au sang des phénomènes qui pourraient provenir d'une autre matière colorante ?

Si l'on découpe dans un linge une tache de sang parfaitement sèche, et qu'on suspende le petit morceau à la partie supérieure d'un tube de verre rempli d'eau froide, on voit la matière colorante se détacher sous forme de fins filaments, et tomber au fond du liquide. Si on agite, ce liquide prend une teinte rosée ou rouge, selon la grandeur de la tache et l'abondance de la matière colorante; examiné au spectroscope, il donne parfaitement distinct le spectre caractéristique du sang.

Si la tache était portée par du bois ou du fer, il suffirait de râcler la portion tachée, de laver la poussière dans de l'eau, puis de filtrer, pour arriver exactement au même résultat.

Cependant les taches de sang peuvent, dans certains cas, présenter, à part les deux bandes caractéristiques, une troisième bande dans le rouge, d'intensité très-variable. En comparant scrupuleusement ces spectres avec celui

que l'on obtient en traitant le sang par l'hydrogène sulfuré, je me suis assuré qu'ils n'étaient que des transformations sulfhydriques du spectre normal plus ou moins
avancées. Dans certains cas. j'ai vu des taches donner
exactement le spectre représenté *Pl.* II, 18 . Ce fait m'a
paru se produire surtout lorsque les taches, étant épaisses, avaient dû se sécher lentement, et je l'ai trouvé
notamment très-marqué dans un fragment de caillot qui
s'était peu à peu desséché au fond d'une capsule de por-
celaine. On pourrait en conclure qu'il s'était produit de
l'acide sulfhydrique par la décomposition de l'un des
éléments du sang lui-même. Il est bien certain d'ailleurs
que si l'atmosphère dans laquelle s'est trouvée l'étoffe
tachée contenait de l'hydrogène sulfuré, la même transformation a dû se produire.

Il m'a toujours suffi de laisser le liquide au contact de
l'air pendant quelques heures, pour voir la bande sup-
plémentaire s'effacer graduellement, et le spectre reprendre
tous les caractères de celui de la cruorine rouge.

En traitant la solution par les réactifs appropriés, on
peut obtenir à volonté les spectres de cruorine réduite.
d'hématosine. d'hémine , etc., c'est-à-dire qu'on peut caractériser le sang, non par un seul spectre, mais par six ou
sept spectres différents.

Il est bien entendu que la netteté des caractères , et
par conséquent la précision et la certitude des résultats,
dépend de la quantité de matière colorante tenue en dissolution dans la liqueur. Comme cette quantité est en général
très-petite , il faut compenser cet inconvénient par l'ac-

croissement de l'épaisseur. Il serait facile de construire à
cet effet des auges étroites et longues, en forme de gout-
tières profondes, qui contiendraient très-peu de liquide ,
et permettraient cependant de l'examiner en couches
épaisses.

Les taches de sang subissent, avec le temps , une décomposition qui doit nécessairement porter aussi sur sa
matière colorante et affaiblir ses caractères optiques.
Aussi paraissent-ils d'autant moins tranchés que les taches
sont plus anciennes. Ces transformations s'accomplissent
toutefois avec une extrême lenteur; c'est ainsi, par exemple,
que Valentin a constaté très-nettement la présence du sang
« sur une ancienne planche de table de dissection, qui était
restée sans usage depuis trois ans, dans un endroit humide.
et sur un vieux crochet rouillé qui avait servi autrefois
à suspendre de la viande dans une boucherie [1].»

Je n'ai pas à insister sur la question de *sensibilité* que
j'ai traitée précédemment, je rappellerai seulement qu'on
distingue encore le spectre caractéristique, lorsque la
liqueur sanguine est assez étendue pour ne plus offrir à
l'œil de coloration sensible.

Enfin, n'existe-t-il pas des matières colorantes susceptibles de présenter un spectre que l'on puisse confondre
avec celui du sang? L'expérience seule nous répondra.
Or, sur la longue liste de substances que Valentin a passées
en revue. il n'y en a *pas une* qui pût laisser dans l'esprit

[1] Valentin. *loc. cit.*, 98.

même un doute a cet égard. J'ai moi-même examiné un grand nombre de matières colorantes, particulièrement de matières rouges , et le spectre que j'ai trouvé le plus semblable à celui du sang est celui du carmin en dissolution dans l'ammoniaque; il s'en distingue pourtant parfaitement. Les bandes y sont beaucoup moins nettement limitées et autrement placées (plus réfrangibles) que dans le spectre du sang ; la seconde est de beaucoup la plus foncée et disparait la dernière ; enfin l'absorption est nulle pour les rayons violets. Ce spectre est représenté *Pl.* I, 1, et il suffit de le comparer à *Pl.* II, 11, pour saisir d'un coup d'œil toutes les différences. Sorby a aussi signalé deux spectres qui rappellent un peu celui du sang; ce sont ceux de la cochenille et de l'orcanette, traitées l'une et l'autre par l'alun [1]; ils s'en distinguent encore par la réfrangibilité différente des deux bandes, et par une absorption nulle du violet. Enfin, à supposer qu'il pût se présenter un cas plus embarrassant que les précédents, l'emploi des réactifs et l'apparition des spectres d'hémine ou d'hématosine feraient disparaître toute incertitude.

Qu'il me soit permis de faire remarquer encore l'extrême simplicité de la méthode spectroscopique, qui n'exige ni manipulations difficiles ni opérations délicates, qui n'exige même pas les précautions que l'on est obligé de prendre dans l'emploi du microscope. On sait, par exemple, que dans la recherche ordinaire des taches de sang sur des objets en fer, une condition essentielle est que le métal ne reste pas trop longtemps en contact avec l'eau,

[1] Sorby, *loc. cit.*, 438.

pour qu'il ne se produise pas de rouille. La formation de cet oxyde empêcherait l'examen microscopique. Or il m'est arrivé d'abandonner une lame de canif dans une solution sanguine étendue, librement exposée à l'air. Au bout de trois semaines, cette lame était profondément oxydée, la liqueur était très-trouble et présentait une coloration verte. Elle répandait une odeur fade et un peu nauséeuse. Filtrée à plusieurs reprises, elle m'a donné un liquide transparent et jaune-rougeâtre, dans lequel j'ai retrouvé les caractères optiques du sang parfaitement distincts.

En résumé, si ce mode d'investigation appliqué aux recherches médico-légales peut, dans certaines circonstances, faire défaut comme les autres, il n'en présente pas moins des caractères de simplicité, de sensibilité et de sûreté, qui, à mes yeux, lui permettent de rivaliser avec les procédés exclusivement mis en usage jusqu'ici. Il conduirait même peut-être à des résultats satisfaisants, dans des cas où les méthodes chimique et microscopique resteraient impuissantes. Associé à ces deux méthodes, il apporterait toujours un élément de certitude de plus, ce qui ne peut paraître indifférent dans des questions où l'on ne saurait réunir trop de preuves de la vérité.

Le sujet que j'ai abordé dans cet essai ouvre à l'observateur un champ d'une étendue considérable. Je ne l'ai envisagé que sous une de ses faces, et cependant les résultats constatés me paraissent lui assurer déjà une place légitime dans la science générale. On peut présumer les conséquences auxquelles conduirait l'application du même procédé d'étude aux divers liquides ou solides colorés de l'économie humaine, soit normaux, soit pathologiques, aussi bien qu'aux matières analogues que l'on rencontre dans les différentes espèces animales. Je me propose du reste de poursuivre des recherches intéressantes, auxquelles dans ma pensée ce travail est destiné à servir seulement d'introduction.

FIN.

EXPLICATION DES PLANCHES

PLANCHE I.

A. Spectre solaire.
1. Carmin en dissolution dans l'ammoniaque.
2. Azotate d'urane.
3. Teinture alcoolique d'orcanette.
4. Verre bleu de cobalt.
5. Chlorophylle en dissolution dans l'alcool.
6. Permanganate de potasse.
7. Acide hypoazotique.
8. Sang artériel (cruorine oxydée).
9.   *Id.*
10.   *Id.*

PLANCHE II.

11. Sang artériel.
12.   *Id.*
13. Sang traité par les acides (hémine).
14.   — par l'éther acide.
15.   —   *id.*
16.   — par le sulfate de fer (cruorine réduite).
17.   — par le sulfhydrate d'ammoniaque.
18. Spectre sulfhydrique.
19. Hématosine oxydée.
20.   — réduite.

PLANCHE III.

Fig. 1. Spectre solaire.
— 2. Chlorophylle (ordonnées positives,.
— 3.   *Id*.   (—   négatives).
— 4. Sang; cruorine oxydée (ordonnées positives) *(Sp*. 11,.
— 5.   *Id*.   *id*.   (—   négatives).
— 6. Hémine (*Sp*. 13).

PLANCHE IV.

Fig. 1. Hémine (*Sp*. 14-15).
— 2. Cruorine réduite (*Sp*. 16).
— 3.   *Id*.   (*Sp*. 17).
— 4. Spectre sulfhydrique (*Sp*. 18).
— 5. Hématosine oxydée (*Sp*. 19).
— 6.   —   réduite (*Sp*. 20).

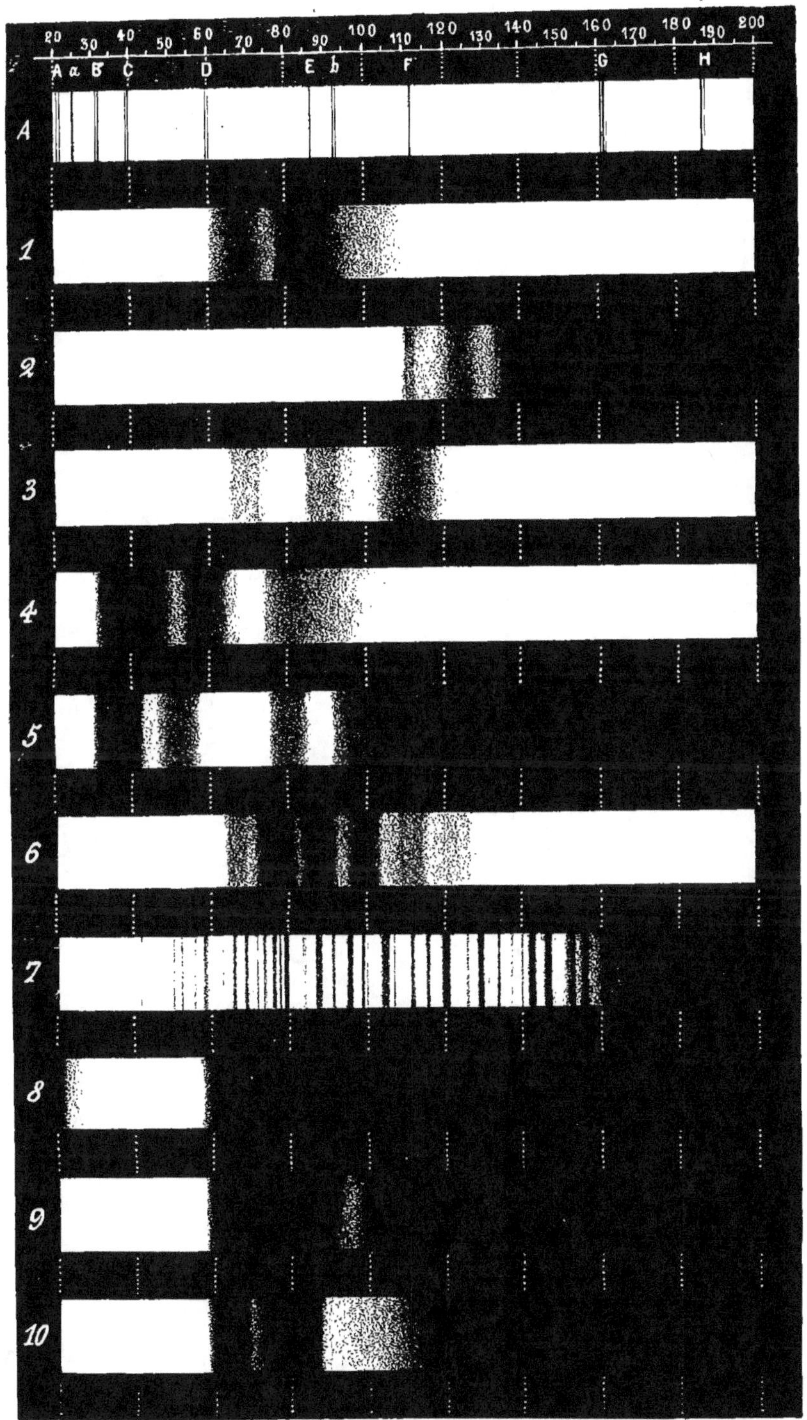

Pl. 1.
20 30 40 50 60 70 80 90 100 110 120 130 140 150 160 170 180 190 200
A a B C D E b F G H
A
1
2
3
4
5
6
7
8
9
10
R. Benoit del
Lith. Boehm & Fils, Montp.

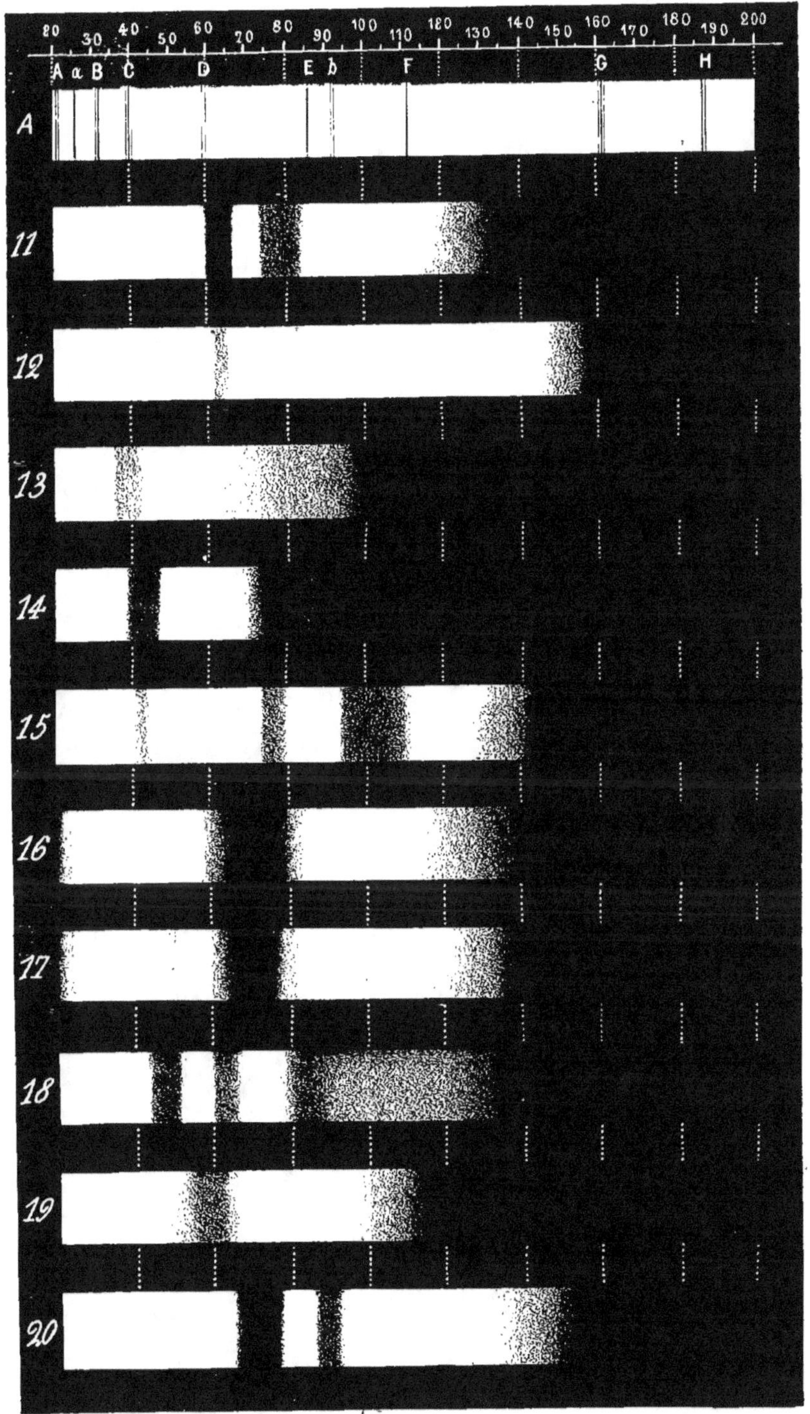

R. Benoît, del.

Lith Bœhm & Fils, Mon.pr.

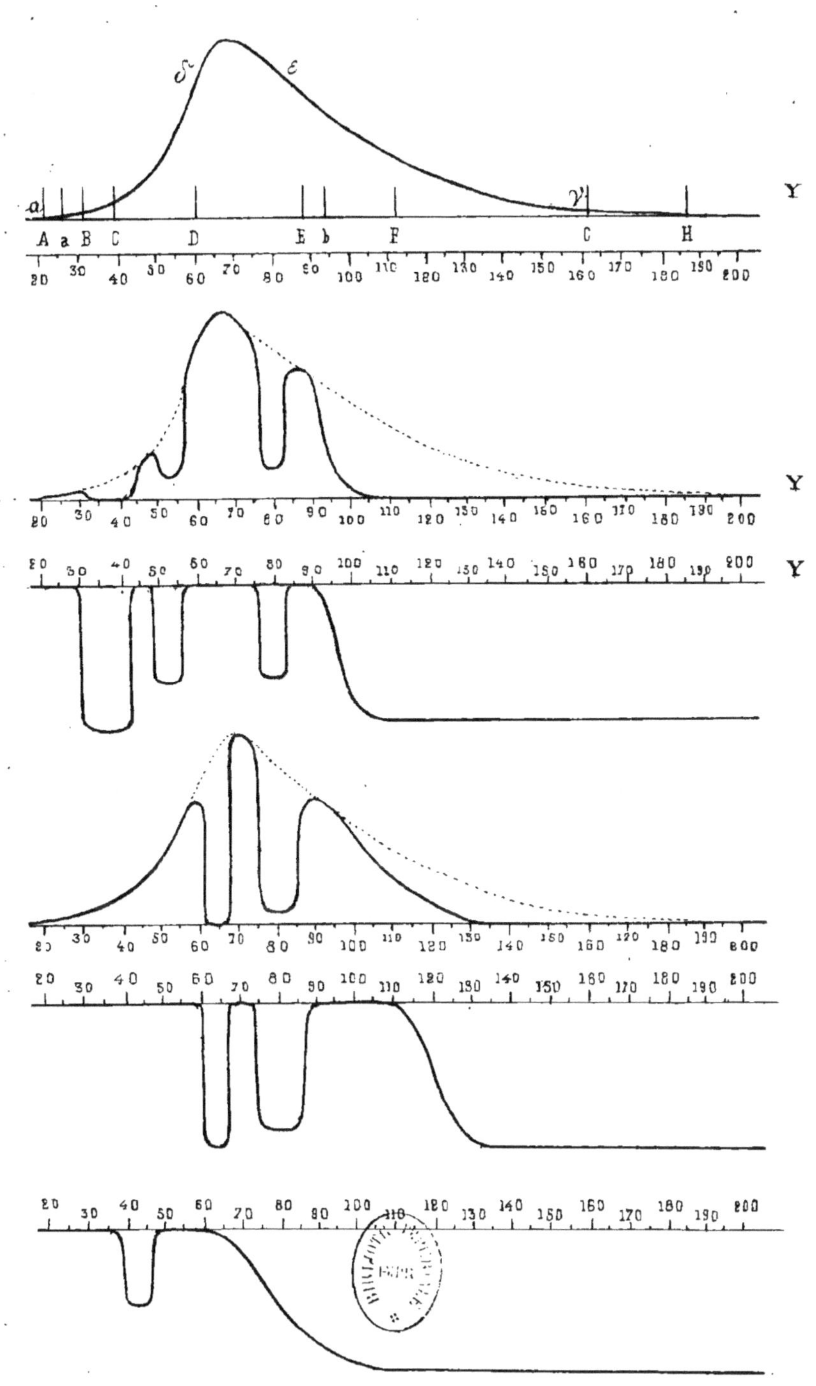

Pl. III.
fig. 1.
X
Y
a
A a B C D E b F G H
20 30 40 50 60 70 80 90 100 110 120 130 140 150 160 170 180 190 200
fig. 2.
X
Y
20 30 40 50 60 70 80 90 100 110 120 130 140 150 160 170 180 190 200
X
Y
20 30 40 50 60 70 80 90 100 110 120 130 140 150 160 170 180 190 200
fig. 3.
fig. 4.
20 30 40 50 60 70 80 90 100 110 120 130 140 150 160 170 180 190 200
20 30 40 50 60 70 80 90 100 110 120 130 140 150 160 170 180 190 200
fig. 5.
20 30 40 50 60 70 80 90 100 110 120 130 140 150 160 170 180 190 200
fig. 6.
R. Benoit. Del.
Lith Boehm & Fils Montpellier.

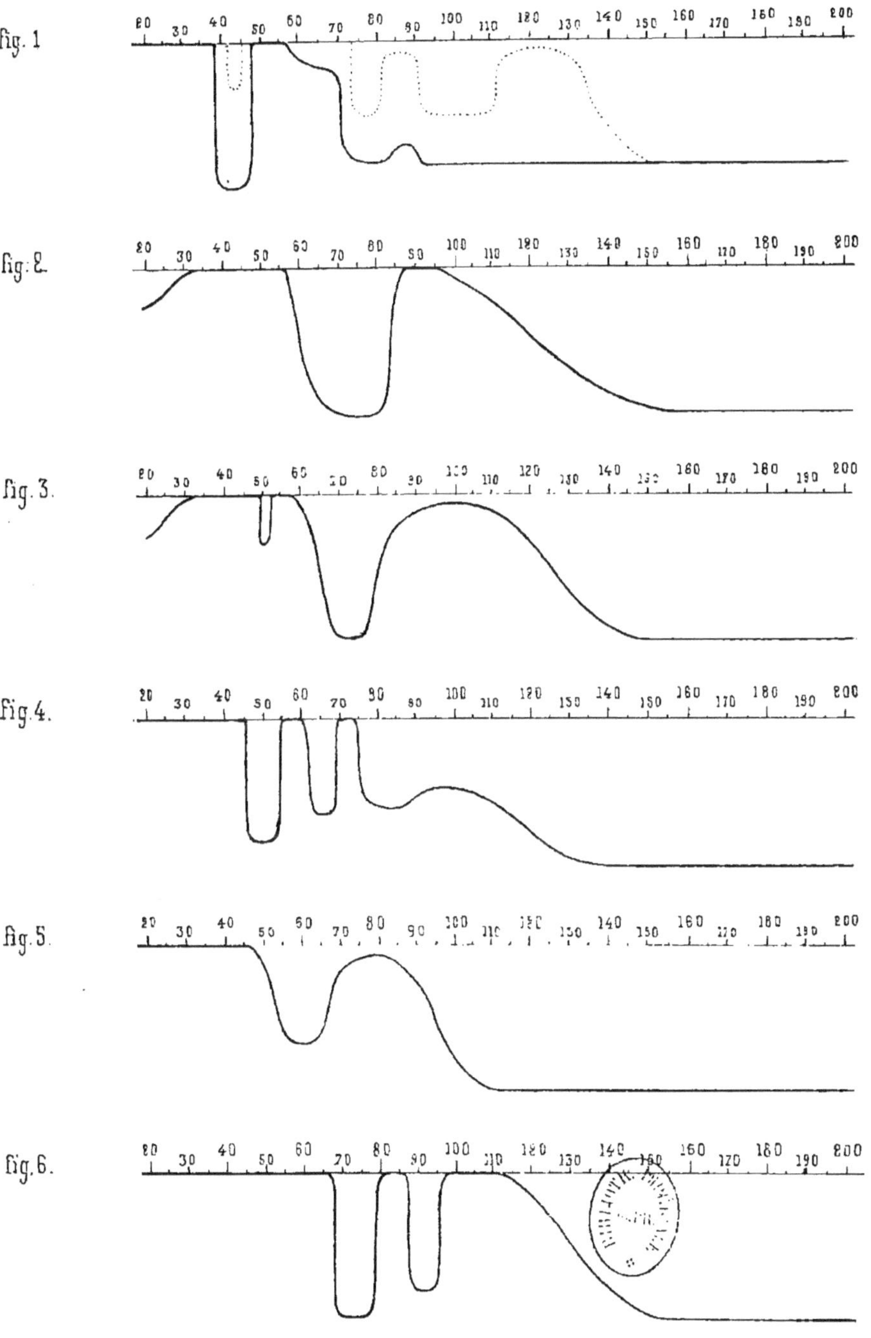

fig. 1
fig. 2
fig. 3.
fig. 4.
fig. 5.
fig. 6.

...QUES

SUR LE SANG

PAR

René **BENOÎT**

DOCTEUR EN MÉDECINE

Lauréat et ancien Aide d'Anatomie de la Faculté de médecine
de Montpellier,
Licencié ès-Sciences physiques de la Faculté de Paris,
Élève de l'École des Hautes-Études à la Sorbonne.

PARIS

GERMER-BAILLIÈRE, LIBRAIRE-ÉDITEUR

17, rue de l'École-de-Médecine.

MONTPELLIER

C. COULET, LIBRAIRE-ÉDITEUR

LIBRAIRE DE LA FACULTÉ DE MÉDECINE ET DE L'ACADÉMIE DES SCIENCES ET LETTRES

Grand'rue, 5

1869